蓝鹦鹉格鲁比
科普故事

漫游太空

[瑞士] 亚特兰特·比利　著　　[瑞士] 丹尼尔·弗里克　绘

王静文　译

文化发展出版社
Cultural Development Press

·北京·

图书在版编目（CIP）数据

漫游太空 /（瑞士）亚特兰特·比利著 ；（瑞士）丹尼尔·弗里克绘 ；王静文译 . — 北京 ：文化发展出版社 ，2024.5
（蓝鹦鹉格鲁比科普故事）
ISBN 978-7-5142-4355-0

Ⅰ . ①漫… Ⅱ . ①亚… ②丹… ③王… Ⅲ . ①外太空－少儿读物 Ⅳ . ① Ｖ11－49

中国国家版本馆 CIP 数据核字（2024）第 105657 号

Globi im Weltall
Illustrator: Daniel Frick/Author: Atlant Bieri

Globi Verlag, Imprint Orell Füssli Verlag,
www.globi.ch
© 2023 Orell Füssli AG, Zürich

北京市版权局著作权合同登记号：图字：01-2024-2836

蓝鹦鹉格鲁比科普故事——漫游太空

著　　者：[瑞士] 亚特兰特·比利
绘　　者：[瑞士] 丹尼尔·弗里克
译　　者：王静文

出 版 人：宋　娜
责任编辑：肖润征　刘　洋　　责任校对：岳智勇　马　瑶
责任印制：杨　骏　　　　　　封面设计：李果果
出版发行：文化发展出版社（北京市翠微路2号 邮编：100036）
网　　址：www.wenhuafazhan.com
经　　销：全国新华书店
印　　刷：天津鑫旭阳印刷有限公司

开　　本：797mm×1092mm　1/16
字　　数：97千字
印　　张：7.5
版　　次：2024年5月第1版
印　　次：2024年5月第1次印刷

定　　价：58.00元
ＩＳＢＮ：978-7-5142-4355-0

◆　如有印装质量问题，请电话联系：010-68567015

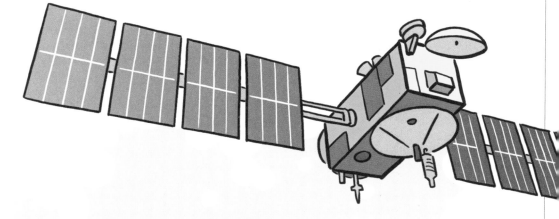

目 录

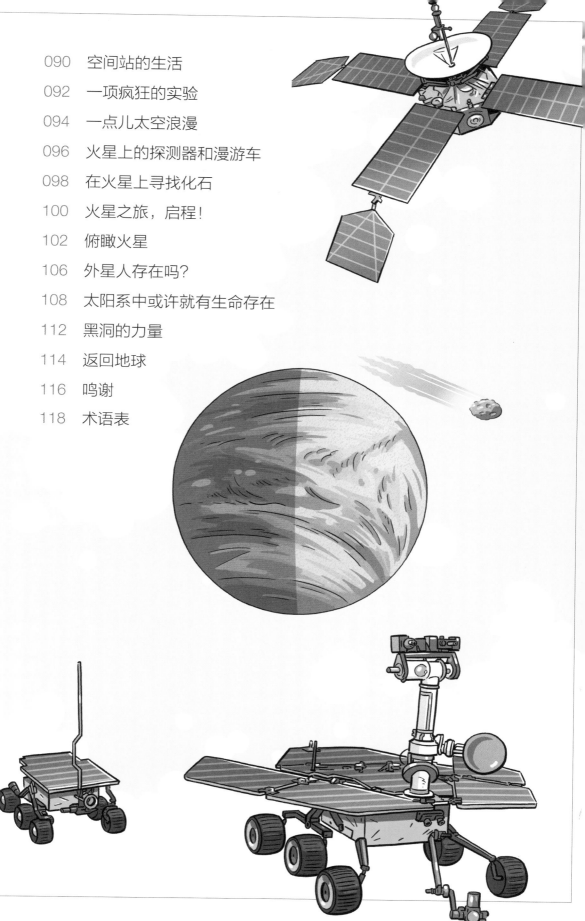

无穷的远方

你一定曾在某个夜晚仰望过星空，那是多么令人惊叹的景象！那也是为数不多的几个瞬间，让你感受到人类是如此的渺小和微不足道。星星离地球是如此遥远，但在它们身后的浩瀚宇宙中，藏匿着更多星辰。茫茫复茫茫，直到一切消失在无边无际中。

没有人能够想象宇宙的宏大，因为它已经大到越过了我们的想象边界，但人们却从未停止过探索星辰和宇宙的步伐。千百年来，猎人、巫师、哲学家、文学家、自然科学家、占星家、天文学家和艺术家们都曾仰望过天上的繁星，沉醉于它们的美丽与璀璨。人们把看到的这一切画在洞穴中，绘在油画上，记在诗歌里，写在其他的文章里……人们对它们抱有无数的疑问和向往，亘古不息。

在宇宙这个拥有无数恒星、行星、星系、气云和黑洞的无尽空间中，地球究竟处于什么位置？

地球从哪里来，是如何形成的，将来又会变成怎样？宇宙是如何形成的，是否还存在其他的类人生物或者其他形式的生命？

然而，对于其中的大部分问题，研究人员只能进行初步的回答。面对整个宇宙及其蕴藏的一切，我们所知道的只是冰山一角。

但是，可以确定的是，这些星体影响着我们的文化、思想、行为和研究方式。从史前时代开始，宇宙就对我们人类有着巨大的、近乎神奇的吸引力。

当然，格鲁比也同样着迷于宇宙。因此，他想要成为一名宇航员，飞向太空。他会成功吗？

格鲁比提交了申请

　　格鲁比一如往常从信箱里取出了报纸，一边吃早饭一边翻阅了起来。他的目光落到了一个令人振奋的标题上：招募新宇航员。看到这里，格鲁比一下子清醒了过来。他迅速地继续读下去："ESA（欧洲航天局）13年来首次招募新宇航员，报名时间截止到本月底。"

　　格鲁比的心开始欢呼雀跃，他兴高采烈地喊着："我要去当宇航员！"他欣喜地把报纸扔到厨房的天花板上，想象着自己将如何在月球上创造新的跳高纪录，或成为第一个太空农民，在火星上种植土豆。"那就不叫土豆了，而要称火豆了！"他笑着说。

　　他的目光又回到了那篇文章上，文章最下方列举了未来宇航员应具备的条件："申请者必须拥有最佳的身体素质，且具备很强的耐力，能够与他人进行良好协作；不能焦躁或缺乏耐心，必须完全没有眩晕感，也不能害怕狭窄空间……除此之外还需要掌握良好的精细动作技能，尤其是动手能力。"

这些要求让格鲁比陷入沉思。他想起之前有许多次自己不小心绊到自己，还曾经不小心把东西弄洒过。这样看来这种事情不能再发生了，他必须为此进行刻苦训练了！天天都要练！

他踌躇满志地坐在电脑前面开始整理自己的申请文件：个人简历、毕业证书、工作证明。然后，他写了长达两页的申请书，强调了自己作为未来宇航员的优秀品质："我聪明、好奇心强，时刻准备着学习新知识。我曾游历过无数国家，了解了多种职业。我出过海，进行过水下探险，有一次我甚至缩小成虱子一样大小……得益于这些宝贵的经历，我具备了一个宇航员、一个地球的信使所需要的全部资质。如果能获得这次宇航员培训的机会，我将不胜感激。您真诚的，格鲁比。"

他十分满意地点击了"发送"键，然后趁机做了几个俯卧撑。

宇宙中的一粒尘埃

如果拿地球和人比大小，我们的星球看上去似乎是无限大的，但事实并非如此：只要约 4000 多万个孩子（约相当于瑞士人口的五倍）伸开双臂手拉手，连起来就可以绕地球一圈。

但与宇宙的其他地方相比，我们的地球其实相当渺小。

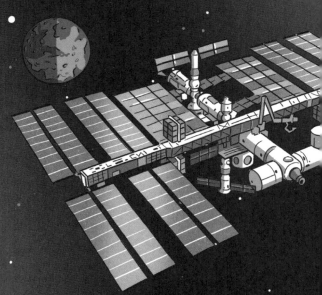

大气层边缘

大气层厚约 1000 千米，最外层边缘距离地面约 500 千米，也就是说，那里是地球大气层的终点，也是真空宇宙的起点。不过，中间的过渡区是流动的。因此，地球周围的太空中还有着少量的空气。但是这些空气太稀薄了，人根本无法呼吸。

国际空间站

国际空间站（ISS）在距离地面约 400 千米的轨道上绕地球运行。这个距离大约相当于瑞士东西最长的距离。

雷暴云

雷暴云会攀升至距离地面 15 千米的高度，这约相当于珠穆朗玛峰的两倍。在那里它们会触及所谓的对流层边缘，雷暴天气现象就发生在对流层。

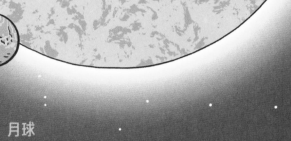

太阳

距离地球有 1.5 亿千米远。将 10000 多个地球排成一排，就能达到这个距离。地球和太阳之间的距离也被称为一个"天文单位"。

月球

距离地球大概有 38.4 万千米，将 30 个地球像珠子一样穿起来，就能抵达月球。

太阳系边缘

我们的太阳系由太阳、8 个行星、小行星带和许多彗星组成。最外层的行星海王星距离太阳有 30 个天文单位。

银河系

这便是我们的太阳系所在的星系，它看上去像是一个有着很多旋臂的圆盘。它的直径非常大，光需要走 10 万光年以上才能穿过它。我们的太阳系就位于银河系的边缘。

我们的太阳系

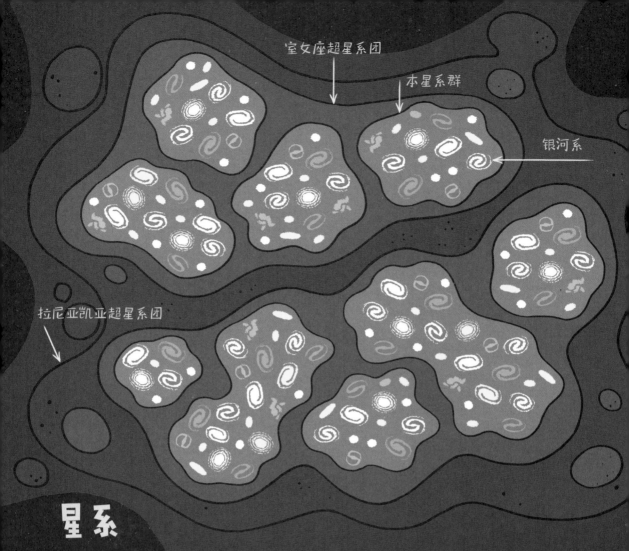

室女座超星系团

本星系群

银河系

拉尼亚凯亚超星系团

星系

本星系群

太空中有约 2 万亿个星系。然而，它们并不是均匀分布的，而是形成了星系群。银河系便处于"本星系群"的边缘，同属于这个星群的还有我们的邻近星系仙女座和其他几十个较小的星系。本星系群的直径为 1000 万光年。

室女座超星系团

无数的星系组成了星系团。地球所在的星系团叫作室女座超星系团。除了银河系，它还包括几千个其他星系。这个星系团的直径为 1.1 亿光年。

拉尼亚凯亚超星系团

许多星系团共同组成了一个"超星系团"。它的形状有一点像章鱼，而星系就分布在章鱼触手上。我们所在的超星系团被称为拉尼亚凯亚（Laniakea）。这是夏威夷语，意思是"无法估量的天空"。拉尼亚凯亚超星系团的直径有 5.2 亿光年。

宇宙网

拉尼亚凯亚超星系团本身是所谓的"宇宙网"的一部分。它是宇宙中最大的单元。从非常遥远的视角看，所有的星系都分布在一个巨大网状结构中：在这网的空隙中存在着巨大的区域，几乎没有任何东西存在，人们称其为"Voids"（德语：虚空）。

没有什么比光更快

光是由小粒子组成的，以大约每秒 30 万千米的速度移动，这就是我们所说的光速。也就是说，它们可以在一秒内绕地球七圈半。在宇宙中，没有什么比光更快。

但与宇宙的惊人大小相比，光本身还是很慢的。从我们到离我们最近的恒星比邻星，光需要走超过四年的时间。

当我们描述太空中的距离时，通常使用"光年"这个单位，即光走一年的距离。

梦想工作邀请函

几周后，格鲁比在报纸上看到，全欧洲有两万多名男女向 ESA 提交了宇航员职位的申请。"我可能是报名的人里面唯一的一只鸟。"格鲁比愉快地自言自语着。

好几个月过去了，格鲁比焦急地等待着答复，等得望眼欲穿。然而，直到半年后，邮递员才带来了 ESA 的消息。格鲁比激动得差点从他手里抢信了，还没等邮递员转过身去，格鲁比就把信举在眼前大声念道："我们很高兴邀请您来科隆的训练中心对您的适应性做进一步评估。"

格鲁比跑到街上大喊："我要当宇航员了！我要当宇航员了！你们见过蓝色的宇航员吗？看啊，这里就有一个！"邻里街坊都很惊讶，其中一个对着格鲁比喊道："是啊，快去吧！格鲁比，飞去月亮吧！我们终于能落得清净啦！"

世界上最难的录用考试

几个星期后，格鲁比就坐着火车来到了科隆的航天中心。在那里，他参加了宇航员的录用考试，这是格鲁比迄今为止的人生中最艰辛的一周。

心脏压力测试

宇航员们必须要保持绝对的健康，其中最重要的就是心血管系统功能的完善，以确保穿着太空服的时候不会出现心肌梗死。于是格鲁比要一直待在跑步机上，随着跑步机的速度不断增加，格鲁比不停地跑啊、跑啊，直到他的心脏像脱缰的野马一样奔腾。如果心脏能够承担这样的负荷，那就没有什么好担心的了。

协同合作

在这个项目中，格鲁比和其他几位候选人的一只手被绑在背后，只剩下另一只手可以用。然后，他们拿到一摞木头和一卷绳子来完成他们的任务：一起在小溪上建一座稳固的桥，限时一小时。

记忆力

台面上一共有 20 种不同的物品，比如牙刷、骰子、鹅卵石、计算器和一根红色的羽毛。格鲁比只能盯着台面看 30 秒钟，然后凭记忆力尽可能多地列出有什么物品。

应对紧急情况和压力

格鲁比的下一个考验是在办公室里。在那里，他要写两页的文章、拼一个拼图，还要用手机录一个申请视频。视频中，他要进行自我介绍，还要解释自己为什么想要成为宇航员。格鲁比进展十分顺利，但是半个小时之后，废纸篓突然莫名其妙地着火了。格鲁比想要寻找灭火器，却徒劳无功。于是他赶紧脱掉裤子，浇上花瓶里的水，用裤子当了灭火毯。这真的让人感觉压力山大啊！

我们的太阳系

太阳

太阳是一个巨大的反应堆（熔炉）。在所谓的"核聚变"中，四个氢原子会相互融合并转化为一个氦原子。在这个过程中，大量的热量和光线被释放出来。正是这些光抵达了地球，我们才会有白天。

水星

水星像地球一样由岩石构成，表面被陨石撞击得坑坑洼洼。水星只比地球的卫星月球大一点点，它是太阳系中运转速度最快的行星，只需要 88 天就能绕太阳转一圈（地球需要365 天）。

水星

金星

月球

地球

太阳

金星

金星是我们的近邻。正如地球一样，它也是由岩石构成，而且和地球差不多大。金星上存在大气层，但与地球大气层不同的是，它充满了致命的有毒气体。金星的天空中也有云，但这些云并不是由水构成，而是硫酸，它能导致强烈的温室效应，这意味着，金星上无论白天还是黑夜都非常炎热，气温几乎达到 500℃。

地球

目前（至 2023 年）的科学研究证明，地球是太阳系中唯一存在生命的行星。其中最重要的原因是地球的大气中存在大量液态水和氧气。水是生命存在的重要前提。

火星

火星也是一颗岩石行星，它的大部分岩石中都含有大量的铁元素，这让它的颜色有些偏红。因此，我们也称它为"红色星球"。火星上大气稀薄，主要由二氧化碳组成。数百万年前的火星看起来与地球相似，那时的火星上也有湖泊、河流和海洋，在它们之上是可能含有氧气的浓密大气层，但人们至今尚未确定，当时的火星上是否存在生命。

小行星带

火星

木星

木星

木星是迄今为止我们太阳系中最大的行星，它的重量是太阳系其他所有行星重量总和的两倍多。更令人惊讶的是，由于木星完全由氢和氦组成，它并没有一个固体的地表，这与水星、金星、地球和火星都不一样。木星最显著的特征性标志是大红斑，这其实是一个巨大的风暴气旋，直径比整个地球还大。木星的周围已知有 95 颗卫星绕着它运行。

土星

土星也是一颗气态行星，主要由氢和氦组成。它有一个由岩块和碎冰组成的星环，看上去美丽极了，这些碎石、碎冰都来自撞击土星前解体的小行星。土星有 146 颗卫星围绕它运行，据推测，其中一些卫星上可能存在微生物等简单生命。

天王星

天王星是所谓的冰态巨行星。与其直径相比，它的地核很小且由岩石组成。天王星的周围流动着半冻结的水、氨和甲烷，它的部分大气也由甲烷组成，因此呈现出蓝色。天王星的周围有 13 个隐约可见的由尘埃、岩石和冰组成的星环，还有已知 28 颗卫星围绕着它运行。

土星

海王星

和天王星一样，海王星也是一颗冰态巨行星。海王星拥有一个由岩石和温度极低的液态氨组成的被甲烷包裹的核心，还有 5 个非常薄的星环。海王星是太阳系最外层的行星，距离太阳非常遥远，从海王星上看，太阳只是天空中的一个小点。海王星已知有 16 颗卫星。

大小比例

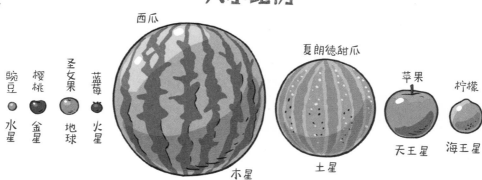

西瓜
夏朗德甜瓜
苹果
柠檬
豌豆
樱桃
圣女果
蓝莓
水星
金星
地球
火星
木星
土星
天王星
海王星

上方的图展示了星球们之间的大小对比。假设地球有圣女果那么大，那么相对来说，木星的大小堪比一个西瓜，而太阳的直径要到 4 米。当然，图中并没有正确地画出行星之间的距离，真正的距离要比图里大得多。按照这个比例，太阳系的直径大约为 13 千米。

天王星
冥王星
柯伊伯带
海王星

冥王星

在 2006 年以前，冥王星曾一直被认为是太阳系中第九颗行星，但后来它被国际专家委员会降级成了矮行星。做出这一决定的原因有很多，比如冥王星体积很小，甚至还没有地球的卫星月球大，而且这种小天体在太阳系中很常见。如果把冥王星当行星，那么海王星之后新发现的天体们也都成行星了。

椭圆轨道

行星并不是以圆形轨道绕太阳运行，而是椭圆形轨道。这看上去就像一个画得稍长的圆。

太阳

水星

金星

地球

火星

过热

宜居带

过冷

宜居带

　　每个恒星周围都有一条看不见的带状区域，叫作"宜居带"，位于宜居带内的行星上可能存在生命。如果它们离太阳较近，则太热；相反则太冷，不适宜生命存在。从今天的科学角度来看，生命能否在行星上发展还取决于行星上是否有水。

引力

　　行星要绕太阳运行，需要一种特殊的力量。我们非常清楚这一点，因为它每时每刻都在把我们拉向地面，专业术语称之为"吸引力"或"重力"。行星或太阳的质量（即重量）越大，其引力就越大。月球的质量远小于地球，因此引力较小。在月球上，你的体重只有在地球上的六分之一。

流星体和小行星

　　除了行星和矮行星之外，还有数以百万计的岩石和碎冰围绕着太阳运行。根据大小，它们被称为"流星体"（直径从几微米到几米不等）和"小行星"（直径从几米到1000千米不等）。它们在研究领域里扮演重要角色，尤其是直径几千米以上的大块头，因为这对地球构成危险的可能性更大。较小的天体穿越地球大气层时会发生非常美妙的变化：它们在夜空中燃烧，璀璨可见，我们称之为流星或者陨星；若是体积足够大，碎片能够达到地表，则被称为"陨石"。

太阳系之最

最冷的地方

人们在太阳系中测量过的最冷的地方，是月球上的一个陨石坑。那里没有阳光照射，零下 250 ℃的气温甚至比遥远的冥王星还要寒冷。

最热的地方

凭借高达 464℃的日间温度，金星显然是最热的行星。它离太阳很近，拥有浓密的大气层——由温室气体二氧化碳组成，能紧紧锁住热量。

最长的一天

金星远超其他行星，拥有最长的一天（即绕自身旋转一圈的时间），持续约 243 个地球日。

最多的卫星

土星保持着太阳系中的最高纪录，因为有 146 颗卫星绕土星运行。紧随其后的是木星，有 95 颗卫星。

最大的风暴

木星上存在着已经持续数个世纪的太阳系最大风暴。木星大红斑是一个巨大、永久存在的旋涡风暴，其直径是地球的三倍大。

最高的山

　　火星上的奥林匹斯山以其 26 千米的高度被认为是太阳系中最高的山（实际上是一座火山）。地球上最高的山峰是珠穆朗玛峰，高约 8844 米。

最深的峡谷

　　同样是在火星上有着太阳系中最深的峡谷——水手号峡谷。它的纵深可达 7000 米，与之相比，美国大峡谷的深度则只有 1800 米。

最大的陨石坑

　　这已经是火星第三个太阳系之最了——最大的陨石坑乌托邦平原：曾经有一块巨大的陨石坠入其中，留下了一个直径为 3300 千米的圆形平原。

最多的火山

　　木星的卫星木卫一的表面充斥着众多火山，它们不断喷发岩浆和气体，将其抛向 300 千米的高空。

通过考试

参加完 ESA 的入学考试后，格鲁比相当疲惫地回家了。现在又迎来了漫长的等待！几周后，他收到了这封期待已久的信，信里官方地写着："恭喜您通过了录用考试，欢迎您加入宇航员培训计划。"

格鲁比简直不敢相信！

但上面还写着："请在明年年初再与我们联系。在此之前，我们要给您布置第一项任务。随信附上瑞士从事太空研究的机构名单。作为一名未来的宇航员，您应该对此有所了解。请访问这些研究机构，详细了解太空和太空研究的概况。"

格鲁比充满了行动热情，几乎要腾空而起。"好嘞，那我马上出发！希望我能到达鸟儿从未去过的地方。"

设计灵感来源于瑞士画家 H.R. Giger 描绘的外星生物

如何成为宇航员

成为宇航员的道路并不平坦。欧洲航天局宇航员培训计划每十年左右才招募一次申请者，每次都会有数以万计的有志之士踊跃报名。申请过程需要一年多的时间，申请者要经过好几轮身体状况和体能测试。最后，只有十名最合适的人才能进入培训计划。2022 年底，33 岁的马尔科·西伯尔（Marco Sieber）从 22500 多名欧洲航天局培训计划候选人中脱颖而出。他是继克劳德·尼科里埃尔（Claude Nicollier）之后的第二位瑞士宇航员。

他们从基础训练开始，熟悉技术设备、学会穿着太空服安全移动。除了英语，他们还要努力学习俄语，以便在太空飞行中与俄罗斯的宇航员交流。在第一次太空飞行之前，它们要接受所谓的"任务训练"，学习如何操作和管理太空中的设备和实验。

地球的卫星

卫星，是所有围绕行星或小行星运行的天体。太阳系中的许多行星都有卫星，比如我们所熟知的地球的卫星——月球。

月光

月球本身并不发光，只是反射太阳的光芒。月球和地球的相对位置不同时，我们看到的月球也不一样——满月、半月、新月，或根本看不到月亮。

公转和自转

月球绕地球公转周期约为 29 天。与此同时，它也进行着自转，自转一周也需要约 29 天。

月表

月球表面主要由熔岩组成。在月球表面，肉眼可以看到大片凝固的熔岩，它们也被称为"月海"，拉丁语中是"Mare"（见第 31 页的月球地图）。除了岩石和石块外，还有很多非常细小的尘埃。

潮汐（潮起潮落）

月球对地球有着强大的引力，与地球的自转一起形成了海洋的"潮汐"。潮汐包括涨潮和退潮，每天交替两次或一次，海水的落差可达 8 ~ 9 米。其实陆地也有海洋一般"潮涨潮落"的表现，但由于陆地比水坚硬得多，它的涨落幅度只有 80 厘米，我们感觉不到，肉眼也无法观察到。

对自然的影响

潮汐带来了海滩或海岸的干湿变化：涨潮时，海滩在水下，保持湿润；退潮时，海滩在水上，变得干燥。这就形成了非常特殊的生态系统。动物和植物已经适应了潮汐的变化。

文化

几千年来，月亮在许多文化中都占有重要地位，例如，古埃及人将治愈疾病的力量归功于满月。月相对时间计量有着举足轻重的作用，人们以"月"为单位来计时，一个月就是从一个新月到下一个新月的时间。"月份"一词正来源于"月亮"，最初指两个新月之间的 29 天时间。

漫步月球

当月亮出现在天空中时，你可以用双筒望远镜观测。当然，用天文望远镜观测效果更好。有很多东西等待着你去发现，比如月海、山脉、悬崖和陨石坑。如果用天文望远镜观察，图像可能会上下颠倒或左右翻转。

❶ 哥白尼环形山

清晰可见的环形山口直径约为 90 千米。

❷ 雨海

它位于北侧，看上去是一个圆圆的黑点，是月球上第二大"海"。曾经人们以为月球上有真的海洋，然而事实上，那里只是被冷却的熔岩覆盖的平原。

❸ 虹湾

虹湾位于雨海的边缘，周围环绕着半圆形的山脉。

❹ 阿尔卑斯山脉

虹湾以东不远处耸立着一座山脉，即所谓的阿尔卑斯山脉。可以看出，人们对这里的命名没有涉及太多的想象，只是简单地使用了地球上的名称。

❺ 阿尔卑斯月谷

阿尔卑斯山脉被阿尔卑斯山谷横穿。这是一条笔直的山谷，从山脉的一侧延伸到另一侧，长约 166 千米，最宽约 10 千米。

❻ 西奥菲勒斯环形山

西奥菲勒斯环形山是月球上最高的环形山之一，这个由陨石撞击形成的陨石坑壁高出月球表面 4200 米。

●月球观测小贴士

　　最好在半月或四分之三月时观测，可以最清晰地看到这些结构。这时的月球表面

月相和月食

满月时，从地球上看，太阳和月亮的夹角为 180°，这意味着月球正好与太阳相对，并被太阳完全照亮。

下弦月时，太阳和月亮的夹角为 90°。从地球上看，月亮在太阳的右边。因此，只有从午夜到正午才能看到月亮。

新月时，从地球上看，月亮正对着太阳。这意味着面向我们的一面处于黑暗中，我们看不到月亮。

上弦月时，月亮与太阳的夹角为 90°。月亮在太阳的左边，因此从下午到午夜能看见月亮。

1

2
上弦

3

4
满月

5

下弦月 6

7

新月

5

4

3

2 上弦月

1

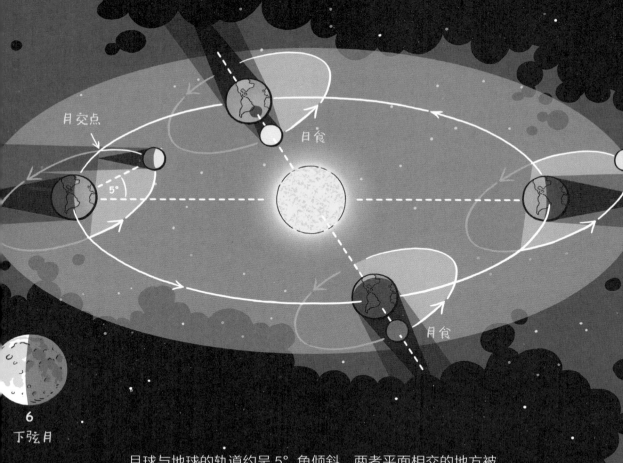

月交点

日食

5°

月食

6
下弦月

月球与地球的轨道约呈 5°角倾斜，两者平面相交的地方被
称为"月球交点"。月球每个月通过一次交点。

当月球通过交点时恰好是新月，此时月球位于太阳和地球之
间，就会发生日食。

如果在通过交点时是满月，就会发生月食，因为这时地球位
于太阳和月球之间，地球的阴影被投射到了月球上。

7

使用"手写体"（连字体，如今学校已不再教授这种书写方式），很
容易分辨出月亮是在下弦还是上弦。

🌙 *abnehmend*　🌙 *zunehmend*

逐渐形成下弦月　　　　　　　　　逐渐形成上弦月

格鲁比先出发去米尔马特，再从那里坐齿轨铁路前往戈尔内格拉特。这里海拔约 3000 米，格鲁比呼吸时都能感觉到空气的稀薄。

在酒店里接待他的是蒂姆，一名天文学家，负责酒店屋顶天文台的公众参观。"今晚你可以为游客们讲解星座知识，并作为一名未来的宇航员给感兴趣的观众做演讲，这是很好的锻炼机会！"蒂姆递给格鲁比一本关于星座的书。"读一点吧，之后用得上。"

晚上 8 点，游客们聚集在天文台，头顶上是一望无际的星空。格鲁比带了一个强光手电当指引，用它的光束照射着北斗七星。"在这里，您可以看到很著名的星座之一，"他开始介绍，但稀薄的空气让他大脑缺氧，有点迷糊，他结结巴巴地说，"在这里，您可以看到……呃……'大摩托车星座'。您可以清楚地看到车把手和前轮。"

听到这里，人群中传来一阵惊奇的低语和轻笑。格鲁比继续拿着手电指向了仙后座——著名的 W 形天体，他解释道："这就是'超级马里奥'星座，你可以清晰地看到他帽子上的大 M。"

接下来他转向北方，指着小熊星座中的北极星说："请看，这是'网球拍星座'，它的握把末端就是北极星。"

导览结束，人们热烈鼓掌，人群中有人悄悄说："在太空中总是能不时发现些新事物呢！"

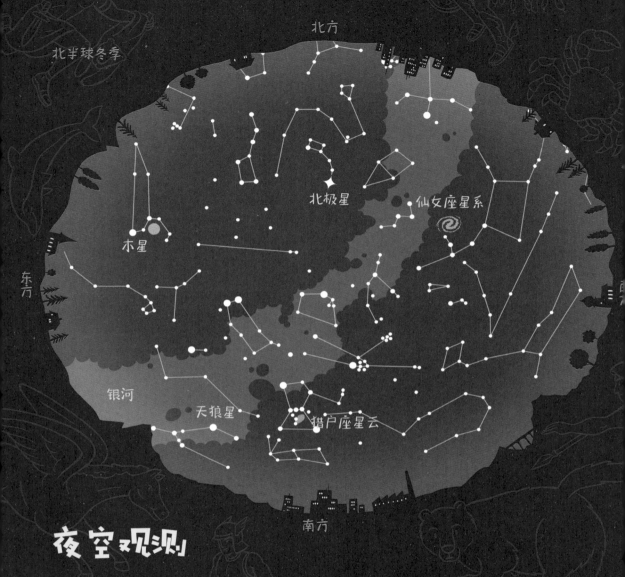

夜空观测

将星图举过头顶，对准北方。现在，你看星图就跟看夜空中的星星一样。

北极星： 无论我们在地球的哪个地方观察，它总是准确地位于北方（北天极）。

天狼星： 它是夜空中最亮的星星（不管是在北半球还是在南半球）。天狼星是一颗比我们太阳亮 25 倍的恒星。

银河系： 由于我们是在地球上侧面观察银河系，它看上去像一条明亮的带子，横贯整个天空。

金星： 也被称为启明星或长庚星，因为它只能在破晓或黄昏时被观察到。但金星不是恒星，而是地球的邻近行星。它在夜空中的位置会随着一年不同的时间而变化。

仙女座星系： 它是银河系的邻居，正朝着我们移动。

北半球夏季

北方

金星

木星

土星

北极星

仙女座星系

西方

银河

南方

猎户座星云： 这是一团由氢气组成的星云，能够自发地发光，在这些气体之中，新的恒星正被孕育着。

木星： 它是我们太阳系中最大的行星。 从地球上看，我们能看到它像一个缀有云带的盘子，围绕它身边的还有四个小点，那是它的四个最大的卫星。 它在夜空中的位置会随着一年不同的时间而变化。

土星： 它是最美丽的、令人印象深刻的行星。稍微放大一些，可以清晰地看到它的光环。 它在夜空中的位置也在发生着变化。

小贴士： 在观察时，可以将望远镜支在稳固的地方，例如地面或墙壁，这样图像就不会那么晃动。

为什么我们不能同时看到所有的星星

当你观测恒星、行星或星系时，随着时间的推移，你会发现它们并不总是在同一个地方。有的天体只有在一年中的某些时候才能看到，而有些一整年都看不到。这是为什么呢？

原因之一是星星只有在夜晚时才能看到。白天，它们被太阳光遮住，无法被看到。但由于地球每年绕太阳公转一圈，星空会随之发生变化，在某些时候，之前被太阳遮住的星星也会变得清晰可见。

23,5°

地球轨道

3月21日前后春分

6月21日前后夏至

9月23日前后秋分

其他的星星你一整年都不会看到。因为如果你在北半球，比如欧洲，你就只能看到北半球的星星；在南半球的话，比如澳大利亚，就只能看到南半球的星星。因此，如果你想看到"另一个"夜空，就必须向南旅行。

恒星还是太阳？

夜空中的恒星与我们的太阳差不多，用哪个词并不重要，因为它们的意思是一样的。所以你可以说："昨晚，我看到了满天的太阳。"或者说，"我被这些恒星的'阳光'灼伤了（真正的宇航员们会称其为'星灼'）。"

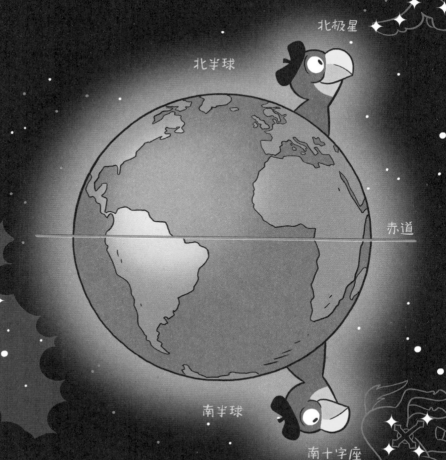

22 日前后冬至

北极星

北半球

赤道

南半球

南十字座

小行星猎手

在从戈尔内格拉特返回的途中，格鲁比绕道去了格劳宾登州法莱拉村，听说那里有一个小行星猎人。他被带到村外的一个马厩，黄昏缓缓降临，傍晚的光辉将云层染成橙色。"从这里往上看，景色非常壮观，但我看不到任何地方有天文台。"格鲁比有些困惑地嘟囔道。

就在这时，隆隆声响起，格鲁比简直不敢相信自己的眼睛。马厩的屋顶滑到一边，出现了一个望远镜。

"你好，格鲁比，我是珍妮弗！"一个声音叫道，"来吧，我教你如何追踪小行星。"

小行星还是彗星？

小行星由岩石构成，而且没有尾巴（即使在太阳附近）。

彗星由冰和岩石组成（就像一个装有鹅卵石的雪球）。它们在太阳附近形成一条尾巴。

夜幕降临，星星一颗颗地亮了起来。珍妮弗坐在控制室的电脑前，调试着望远镜。她解释说："等天完全黑下来，我们就马上给天空不同的区域拍几张照片，然后和我两天前拍的照片进行比较。"

"能在照片上看到尾巴吗？"格鲁比问道。

"不能，我们只能看到有一个看起来像恒星的东西，夜复一夜地在天空中慢慢移动。"

过了一会儿，格鲁比开始对比图片，但他根本无法分辨出这些繁杂的星星有什么不同。"放轻松，有能帮助我们的程序。"珍妮弗说着在键盘上敲了几下，屏幕上一颗星星亮起了红灯，"来，看，我们找到了一颗！"她兴奋地叫道，"我现在就让程序来计算轨迹。"过了一会儿，珍妮弗接着说，"哦不，真不幸！好吧其实是万幸啦，这颗小行星不会撞击地球，但我们可以给它取个名字！你有什么建议？"

格鲁比想了想，对着这颗小行星严肃地说："我将你命名为蓝羽黄嘴小行星。"

来自太空的毁灭者

每天都会有近 100 吨地外岩石向地球袭来，其中大部分是一些小颗粒或小石子，只有几毫米或几厘米大小，被称为"流星体"。它们非常小，进入地球大气层后会完全燃烧，有时在晴朗的夜晚我们可以看到燃烧的颗粒，这便是流星。

还有被称为"小行星"的碎块，它们的直径从几米到几千米不等，大多来自位于火星和木星之间的小行星带。

此外，还有"彗星"，它们来自海王星后面的区域，在极扁的椭圆轨道上绕太阳运行。当靠近太阳时，彗星表面的一部分会被太阳的热量蒸发，这些被释放出来的气体就被拖成了一条尾巴。

我们已经在太阳系中发现了 100 多万颗小行星和彗星，但它们中的大多数都在地球轨道之外，不会对我们构成威胁。但有的小行星在某些时候会非常接近地球，这些小行星被称为"近地天体"。迄今（2023 年）已知的近地天体多达约 28000 个。

有时候，这样的"子弹"真的会击中地球。地球被直径几米的小石头撞击的频率大概是每年一次，而被足球场那么大的大石块撞击，几乎千年一遇。撞击时周围会发生破坏性的灾害，比如海啸、洪水、风暴、尘暴和强烈的地震等。

如果小行星的直径达 1 千米或以上，撞击的影响会波及全世界。当然，这样的撞击每隔几百万年才会发生一次。上次已知的这种程度的撞击发生在约 6500 万年前。当时，一颗直径为 10 千米的小行星撞击了中美洲，导致了恐龙的灭绝。

太空望远镜 CHEOPS

　　CHEOPS 是一个太空望远镜，大小相当于一个大冰箱。它由欧洲航天局和瑞士伯尔尼大学联合研发，于 2019 年发射进入轨道。从那以后，它一直在距地球 700 千米的高度围绕地球运行，任务是测量"系外行星"的大小，即那些围绕太阳系外的遥远恒星运行的行星（见第 46 页）。

　　为此，望远镜需要测量恒星的亮度。假设我们是从侧面观察恒星系统，那么当行星绕恒星旋转时，它们会在某个时刻从恒星的正前方经过。在这个被称为"凌日"过程中，由于光线被行星挡住，恒星的亮度会略微降低。

　　CHEOPS 可以非常精确地测量出亮度的差异，研究人员就可以利用这种差异来计算行星的大小。利用同样的方法，CHEOPS 还可以发现未知的行星，甚至是围绕这些行星运行的卫星。

太阳系外行星

近年来，CHEOPS 和其他类似望远镜发现并探索了许多系外行星。这些行星没有"地球"或"火星"这样的名称，而是被用字母 b、c、d 或 e 命名，还会在字母前面加上它们环绕的恒星名称。这些名称往往有些复杂，例如，有一颗恒星叫 WASP-76，它最内侧的行星是行星"b"，那这颗行星的名字就叫 WASP-76b。

以下是系外行星的几个例子：

WASP-76b

到地球的距离：约 640 光年

和木星一样，这颗行星主要由气体构成，但重量只有木星的一半。它绕着转的恒星与它的距离非常近，所以只需要两天就能绕一圈。也就是说，在这颗行星上的一年相当于地球的两天。由于靠近恒星，它的温度非常高。白天有光照的时候，它热到铁都蒸发成气体飘浮在大气中；到了晚上，温度降低，铁蒸气液化，变成铁雨飘落下来。

GJ 436b

到地球的距离：约 33 光年

　　这颗行星约为地球的四倍大，与天王星和海王星一样，由冻结的气体组成。它离恒星的距离也很小，但这颗恒星是一颗小的"红矮星"，也就是一颗即将燃尽的恒星，并不会带来太多的热量。红矮星向外发出紫外线辐射和X射线，使这个行星的大气层被加热并慢慢蒸发到太空中，形成了一个巨大的"彗尾"，这条"彗尾"向太空延伸了1500万公里，约为地月距离的40倍。

Nu 2 Lupi d

到地球的距离：约 50 光年

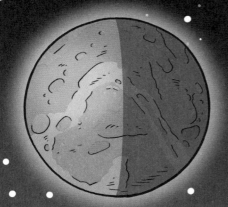

　　据称这是一个"超级地球"，因为它也主要由岩石构成。它表面存在液态水，周围也有大气环绕，有生命存在的可能。但这颗行星离它所在的恒星距离只有地球到太阳的一半，因此可能由于温度过高不适合生命的孕育。

TOI-178b 到 g

到地球的距离：约 200 光年

这个恒星系统拥有 6 颗行星，所有的行星都是"超级地球"。但特别的是，其中五颗行星的轨道周期处于共振状态：当最内侧的行星 b 绕恒星转了 12 圈时，第二颗行星 c 恰好转 9 圈，第三颗行星 d 转 6 圈，第四颗行星 e 转 4 圈，第五颗行星，也就是最外层的行星 f 刚好转 2 圈。之所以会形成这种现象，是因为行星之间的引力在相互影响。

TRAPPIST-1b 到 h

到地球的距离：约 40 光年

TRAPPIST 恒星系统由 7 颗岩石行星组成。它们挨得很近，都以相对较小的距离绕着恒星运行。但它们的温度并不高，因为它们围绕着的恒星是一颗红矮星，即将熄灭，所以释放的能量很少。如果这些行星上有液态水，就可能存在生命。然而众所周知的是，红矮星上会反复爆发强辐射，这通常对生命来说是致命的。

比邻星 b

到地球的距离：约 4.2 光年

　　这是离我们最近的一个恒星系统。比邻星 b 是岩石行星，距离比邻星非常近，绕它转一圈需要约 11 天。但这颗恒星也是一颗红矮星，因此尽管距离很近，温度却很适宜。但是，这里有着对生物有害的辐射。

袭来的太空碎片

几天后，格鲁比参观了日内瓦大学的天文台，这里是瑞士著名的太空望远镜 CHEOPS 的中心。不过，这个"中心"只是一个小办公室，里面只有一张桌子和一台电脑，这让格鲁比有些失望。

桌边坐着阿琳娜，她正在编写一个程序来下达指令，这样望远镜就知道了下一步应该对准哪颗星星。"看，格鲁比，"阿琳娜说，"这其实很简单，你听说过编程吗？"

"我知道，我在探索机器人和人工智能的时候听过。"

"很好，那你很懂行嘛。我们先在程序中写下最近恒星的坐标，然后是观测的开始时间和结束时间，"阿琳娜灵活的手指在键盘上跳跃着，"好的，就这样，现在上传所有内容。"说着她用食指按下了回车键。

在 700 千米的高空，太空望远镜收到了指令。望远镜带有的计算机读取了程序里的任务描述，慢慢把镜头对准了新的恒星。

控制室里，阿琳娜从椅子上站起来，伸了个懒腰。"我去买个三明治，你想要点什么吗？能不能帮我盯一会儿这里？"格鲁比激动地点点头："我想喝冰巧克力牛奶。"

阿琳娜前脚刚走出房间，屏幕上就出现了一条闪烁的红色信息："警告，一块太空碎片即将与 CHEOPS 相撞。"格鲁比从椅子上跳起来，冲向门口喊道："阿琳娜！喂——望远镜就要被击落了！"但是并没有人回应。

于是，格鲁比坐在电脑前开始敲击键盘，他编写了一个规避程序："就按这个行动吧！"格鲁比按下了回车键。

在 700 千米的高空上，望远镜刚刚开始观测这颗新星。然而，格鲁比的程序命令它停止观测，转为全速前进。望远镜听从指令，全速飞向太空碎片。

格鲁比在控制室里几乎被吓傻了。"我这个没脑子的黄嘴鸟把程序里的推进器写错了！"他疯狂地敲击着键盘，以闪电般的速度编写第二个规避程序。

在 700 千米的高空，望远镜急速猛冲，即将毁掉！因为它瞄准的不是恒星，而是一块太空碎片，再过十秒钟，它自己也会变成一团碎片！六秒、五秒、四秒……这时望远镜上的计算机收到一个新程序："启动右推进器！"命令在最后一秒发出，望远镜以半米的距离呼啸着飞过太空碎片。

格鲁比瘫坐在控制中心的椅子上，汗流浃背。阿琳娜回来后看到，惊讶地问："天啊，发生什么了？你刚刚在做俯卧撑吗？"

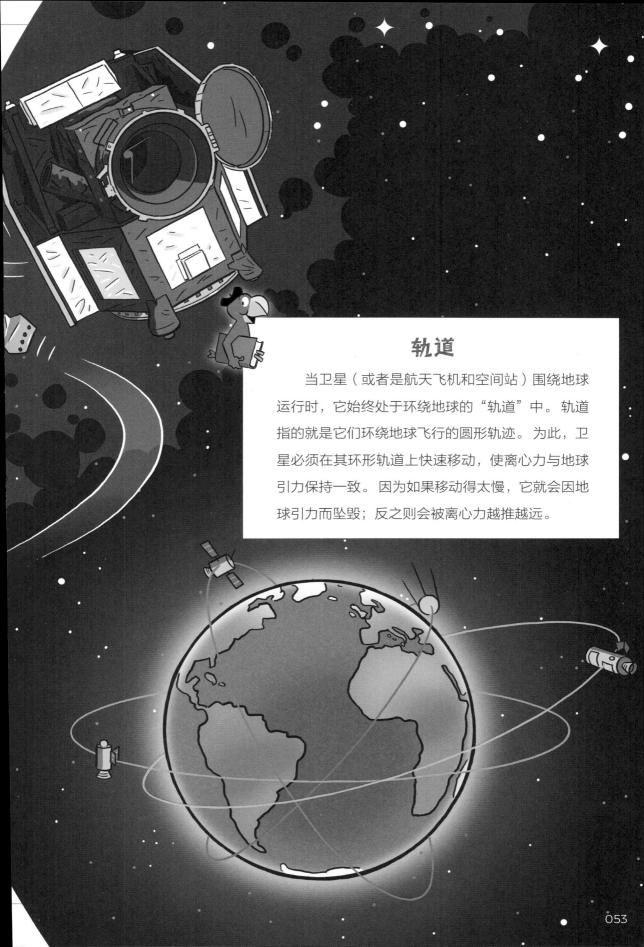

轨道

当卫星（或者是航天飞机和空间站）围绕地球运行时，它始终处于环绕地球的"轨道"中。轨道指的就是它们环绕地球飞行的圆形轨迹。为此，卫星必须在其环形轨道上快速移动，使离心力与地球引力保持一致。因为如果移动得太慢，它就会因地球引力而坠毁；反之则会被离心力越推越远。

太空中也有垃圾?

　　人类向地球轨道发射卫星和火箭，导致了所谓"太空垃圾"的产生，比如烧毁的火箭和留在轨道上的旧卫星等。当这些碎片发生碰撞时，它们会碎裂为成千上万的碎片。

　　这些碎片垃圾对现役卫星构成了威胁，因为即使是碎片，它们仍会像子弹一样绕着地球快速飞行。如果它们撞上卫星，卫星就会被摧毁。这也给空间站和载人太空舱带来了危险，因为直径为 1 厘米的碎片就可以轻易穿透空间站的墙壁，这将让乘组人员面临威胁。

　　航天机构会利用激光探测较大的碎片并计算它们未来的轨迹，这样就可以知道是否会发生碰撞。如果即将发生碰撞，空间站或卫星必须及时避开碎片，用推进器将自己的位置改变几十米。

太空清洁器

　　假如能将地球轨道上的所有太空碎片都清理掉，那将是最好不过的了。为此，瑞士洛桑联邦理工学院（EPPL）开发了 ClearSpace-1 清洁卫星。这颗卫星与洗衣机差不多大小，拥有长长的抓臂。当它靠近太空垃圾的时候，比如一小块被烧毁的火箭，它会用抓臂将其缠绕起来，然后开启制动器来减缓卫星和碎片的速度，直到它们坠入地球大气层，像流星一样燃烧殆尽。这种太空清洁器将会在几年后首次亮相。

认识"振动器"

从日内瓦返回途中，格鲁比再次来到伯尔尼大学。当他漫步穿过走廊时，听到了震耳欲聋的噪声。听起来像是火箭发射的声音！难道这里正在测试新型火箭发动机？

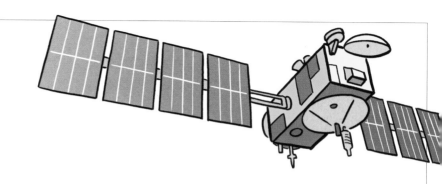

　　格鲁比毫不犹豫地溜了进去，发现这是一间办公室。这里声音更大，格鲁比不得不捂住耳朵。一个男人站在窗前，他戴着厚厚的耳罩，透过玻璃墙盯着另一个房间。那里有一个桌子一样的东西，疯狂地振动着。

　　"我来介绍一下，这是我们的振动器。"面对格鲁比疑惑的眼神，技术员谢尔顿解释说，"这个装置可以用来模拟火箭发射时的振动，这其实就是一块金属板，可以让它以不同的频率振动。"

　　"可是它为什么声音这么大？"格鲁比问道。

　　"因为振动会传到空气中，变成噪声。"技术员谢尔顿答道。格鲁比又问："那有什么用呢？"

　　"发射到太空中的所有东西都要通过振动测试，包括卫星的每一个部件、实验物品，甚至我正在测试的食物。只有这样，我们才能知道这些东西是否能在发射时保留下来。"

　　听到这里，格鲁比有了一个想法："我们能在振动器上测试我的树莓椰子果冻吗？"谢尔顿皱起了眉头："嗯……我不知道，它看上去摇摇晃晃的，但我们可以试一试。"

　　他们一起把果冻固定在振动器上。谢尔顿按下启动按钮，一开始，果冻一切正常。但它一直在颤动，测试似乎要成功了。谢尔顿喊道："现在的振动力已经达到了火箭发射预估值的 30％！"格鲁比竖起了大拇指。

　　突然，果冻开始变形，它的中心部位好像长出了一个头，然后又长出了两只胳膊和两条腿。"救命啊，果冻怪在攻击我！"格鲁比尖叫起来。他刚要逃到隔壁房间找谢尔顿，果冻就爆炸了，整个实验室和格鲁比都被红色的果冻块覆盖着。谢尔顿关掉振动器，看着眼前的一片狼藉："看样子我要打扫一整天了。"格鲁比举起左手说："麻烦先打扫一下我吧。"

参观真空舱

在伯尔尼大学，格鲁比目睹了新仪器设备开发和测试的过程，以确保它们在太空中能正常运行。其中的一个设施就是真空舱，实际上是一个被抽走空气的大钢管，以形成真空状态——一个没有空气的空间，来模拟太空的状态。

格鲁比获准参观真空舱。它位于所谓的"无尘室"内，是一个没有任何灰尘的实验室。"因为卫星部件非常敏感，"其中一个技术人员蒂埃里解释说，"如果弄脏了，它们就不能再工作了。"

因此，格鲁比要在衣服外面穿上两件防护服才能进去。第一层防护服是薄薄的由纸做成的织物，包括一个面罩；第二层防护服是所谓的"无尘洁净衣"。半小时后，格鲁比终于准备就绪，闸门在蒂埃里和格鲁比身后缓缓关闭，前方的无尘室映入眼帘。

真空舱

　　这些真空舱扮演着重要角色，因为它们可以用来模拟太空条件。首先，太空中是真空的，没有空气也就没有气压；其次，极端的温差可能对望远镜等敏感设备造成损坏。当太阳光线照射在仪器上时，仪器会升温到几百摄氏度，而背阴处的温度可达零下 270℃。真空舱中的加热和冷却元件就像烤箱和冰箱，可以用来模拟这种太空中的环境。

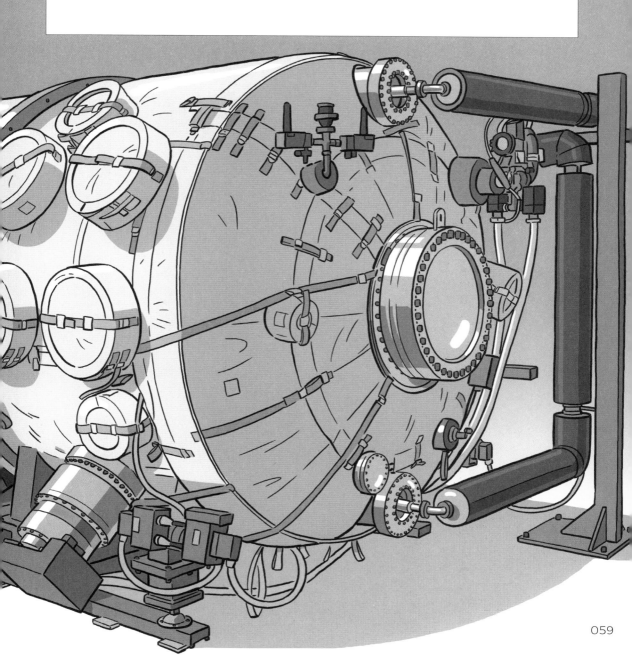

卫星

　　卫星的大小通常类似于一两个冰箱，而有些甚至与小巴士体积相当。它们由火箭送入环绕地球的轨道。大多数卫星并不向外遥望太空，而是向下俯视地球。比如，有的卫星可以拍摄地表照片，来实时跟踪森林火灾的范围，从而知道灭火飞机下一步需要飞往哪里，还比如，有的卫星测量陆地和海洋的温度，有助于气象站进行天气的预报。卫星对于全球通信非常重要，尤其是对于移动通信和光纤网络不发达的偏远地区。在发生地震或其他自然灾害时，卫星也有助于恢复被中断的光纤网络。

导航卫星也非常重要，其中最著名的是 GPS 卫星（全球定位系统），它们能让我们的汽车、轮船、飞机、无人机和手机准确地知道自身所处的位置。我们在使用地图 App 或导航设备时就会用到这种定位系统。

微小卫星

大多数卫星重达数吨，将它们发射到轨道上需要大量燃料，成本非常昂贵。降低成本的一个办法是制造更小更轻的卫星，苏黎世联邦理工学院将这一想法发挥到了极致。他们正在研制微小卫星，其中最小的卫星形似一个 10×10×10 厘米的立方体，跟柚子的大小差不多，重量仅为 1 千克。微小卫星可以配备照相机、用于地球导航的传感器，甚至可以进行医学实验。

宇航员训练开始

格鲁比准时去了科隆的宇航员培训中心报到，从现在开始要认真对待了！他在大堂入口接受了个人资料审查，一名工作人员递给他一枚有带子的卡片作为他的身份证明。"从现在起，请一直随身携带这个。你可以用它登录电脑、打开所有门禁，这也是你房间的钥匙。"

格鲁比把带子挂在脖子上。然后，他被带到一张桌子前，桌子上放着精心叠好的蓝色飞行服。"您的尺码是多少？"桌子后的工作人员问道。"嗯，我身高 1.21 米，请问这是多大的衣服？"

这个工作人员从来没有见过这么矮的宇航员，他想了想："啊，对了，你可以穿这个，这是上次开放日孩子们参观用的。"格鲁比马上试穿了一下："非常合身！"

之后的流程中，他还得到了一张中心场地地图和一张科隆地图，最后还有食堂的代金券。

这个代金券马上就派上了用场，格鲁比去食堂吃了一块叫"小饼干人"的甜点，这是一种杏仁形状的糕点。他刚刚咬下第一口，头顶就传来了广播："请所有宇航员候选人到报告厅集合，介绍会将在一刻钟后开始。"

幸运的是，格鲁比的飞行服有很多大口袋，他把里面塞满了小饼干，然后坐在报告厅里，把小饼干当作小零食吃了起来。

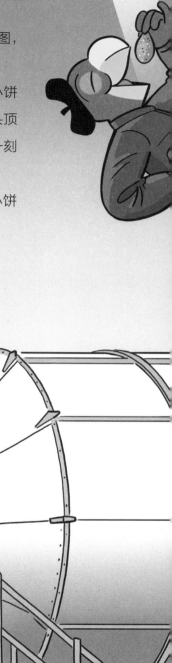

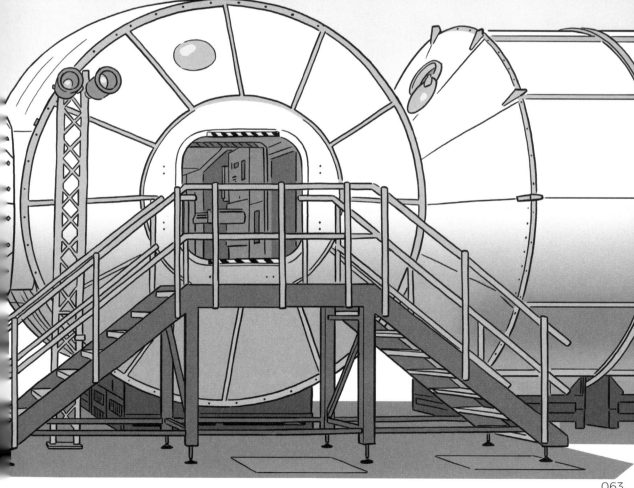

云端失重

今天是个大日子，因为格鲁比将第一次参加"抛物线飞行"，亲身体验失重的感觉。格鲁比已经有点反胃了，一想到俯冲，他就联想到了没有轨道的过山车。"会顺利吗？"他双膝发软地问自己。

为了让这些未来的宇航员在飞行途中感觉不会太糟糕，每人发放一片止吐药。"我能吃两片吗？"格鲁比问乘务员。她笑着摇摇头："你会没事的！"飞机一路爬升到海拔7000米的高度，格鲁比看到脚下的一切变得越来越小。驾驶舱里的飞行员说："失重状态将在几分钟后开始，请大家现在到后面去。"他指的是飞机的后部，那里没有座位，每个人都可以在零重力状态下自由活动。

大家手拉着手围成一圈，飞行员宣布："注意，失重现在开始！"格鲁比的双脚突然失去支撑，他飘了起来！房间里的每个人都像跳伞运动员一样飞了起来。格鲁比欢呼着，他从未体验过这样的感觉。

之后有人向房间里倒入了一些橙汁，果汁立刻形成了橙色的小球飘浮在他们周围，格鲁比试着用嘴去接。他像一只疯狂的企鹅一样在空中挥舞着手臂，甚至都没听到机长广播："注意，重力马上恢复！"他像划水一样划到了天花板上，重力恢复了，他重重地摔在地上，橙汁像黄色的雨点一样落在了他的头上。

抛物线飞行

抛物线飞行时，飞机会做波浪运动（抛物线运动）。人们在飞机向上飞行时就已经能感受到失重了。飞行员可以通过飞行角度的不同模拟月球或火星的重力状况。在那里，人并不会处于完全的失重状态，而是感觉自己更轻了。

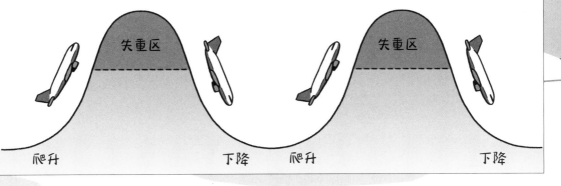

失重区　　　　　　　　失重区

爬升　　　　下降　　　爬升　　　　下降

太空观测的历史

纽格兰奇墓，约公元前 3200 年

纽格兰奇墓是位于爱尔兰的一座古墓，其历史可以追溯至 5000 多年前。其独特之处在于入口上方存在一道缝隙，只有在一年中最短的那一天（冬至日，12 月 21 日至 12 月 23 日交接），阳光才会从这个缝隙中射入，照亮墓内。这表明当时的人们已经开始观察太阳及其在天空中的轨迹，了解太阳在一年四季中日出和日落的位置会有所变化。

克劳狄乌斯·托勒密，约 90—168 年

在古希腊，对自然的研究和观察非常重要。当时的人们意识到，地球不是一个圆盘而是一个球体。他们甚至可以计算出地球的周长。

然而，当时的学者也犯下了太空研究史上重大的错误之一：他们坚信地球位于太阳系的中心而且不自转，而太阳、月亮和其他所有恒星和行星都围绕着地球旋转。这一理论即"地心说"，其奠基人是学者克劳狄乌斯·托勒密（Claudius Ptolemy，约公元 90—160 年）。因此，这种观点也被称为"托勒密世界观"。

尼古拉斯·哥白尼，1473—1543 年

　　这位波兰科学家不同意"地心说"的观点，而是创造了"日心说"，即一种以太阳为中心的世界观。在那之后，地球就成了一颗普通的行星，像木星或金星一样围绕太阳旋转。哥白尼将地球到太阳的距离定义为一个天文单位，然后计算了太阳系每颗行星到太阳的距离。

第谷·布拉赫，1546—1601 年

　　在那个时代，对天空中单个恒星位置的记录并不十分精确，同时当时的测量仪器也尚不够精密。然而，丹麦天文学家第谷·布拉赫改变了这一局面。丹麦王国出资为他建造了一座天文台，这使得布拉赫能够以非常高的精度测量行星的运动和恒星的位置。

约翰内斯·开普勒，1571—1630 年

　　他最初是第谷·布拉赫的助手，后来在布拉赫去世后成为他的继任者。开普勒进行了更多的观察和测量，并试图用数学来解释它们。他发现行星（尤其是火星）并不是围绕太阳做圆周运动，而是做椭圆运动。

他是一位来自意大利的博学家，也是第一个使用望远镜观测行星和月球的人。1609 年，当时盛传一个荷兰眼镜工人发明了望远镜，伽利略立即购买并进行了进一步的改进，他成功制作出可以放大 20 多倍的望远镜。通过观察，他发现金星呈现像月亮一样的相位，而木星周围有四颗卫星环绕。这是第一个可见的证据（无须进行数学计算），证明了行星以及地球围绕太阳运行的事实。

艾萨克·牛顿，1643—1727 年

这位英国科学家发现万有引力，即重力，在宇宙中无处不在，甚至在很远的地方也能发挥作用，使行星、卫星和小行星保持在自己的轨道上。万有引力还首次被用来解释潮汐的涨落（见第 29 页）。

卡罗琳·赫歇尔，1750—1848 年
威廉·赫歇尔，1738—1822 年

赫歇尔兄妹建造了当时最大的望远镜，凭借这个望远镜，他们能更精准地观测夜空。威廉发现了太阳系中的一颗新行星，后来被命名为天王星。卡罗琳发现了八颗彗星、几个星团和星云，她是第一位取得如此成就的女性。

阿尔伯特·爱因斯坦，1879—1955 年

他是科学史上重要的物理学家之一。他发现重力能够使空间弯曲，就好像孩子的跳跃让蹦床表面产生弯曲一样。这种空间的弯曲使地球得以保持在围绕太阳运行的轨道上。根据爱因斯坦的理论，如今我们能够解释宇宙中许多现象，例如黑洞（详见第 112 页）。

瑞士参与的太空任务

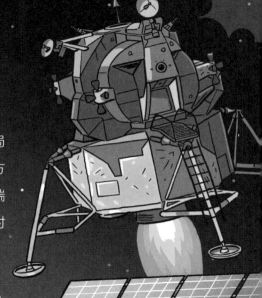

1969 年：首次登月

在首次载人登月期间，美国国家航空航天局（NASA）的宇航员进行了一项实验，即用一块长方形铝箔来捕捉太阳风的微小颗粒，这个实验正是瑞士主导的。宇航员将铝箔带回地球，让人们可以对这些微粒进行更仔细的分析。

自 1979 年：有效载荷整流罩

瑞士公司 Beyond Gravity（前身为 RUAG）生产整流罩已有 40 年历史，这种保护罩可以使卫星或航天飞机免受发射过程中气流的影响。

1986 年：乔托号探测器

欧洲航天局的太空探测器乔托号测量了哈雷彗星喷发气体的组成，使用的便是瑞士伯尔尼大学的测量设备。

1992 年：克劳德·尼科里埃尔

克劳德·尼科里埃尔是瑞士第一位宇航员，他曾与欧洲航天局机组人员一起乘坐航天飞机进入环绕地球的轨道。他总共四次进入太空，还曾维修过哈勃太空望远镜。

1990 年：尤利西斯计划

美国国家航空航天局和欧洲航天局发射了尤利西斯探测器，以探索太阳的日光层，该探测器上便有一个来自瑞士的测量装置。

2004 年：罗塞塔号

罗塞塔号是第一个近距离研究彗星的太空探测器，其中的三个测量仪器是在瑞士伯尔尼大学研制的。

2018 年：洞察号

美国国家航空航天局将洞察号探测器送往火星表面进行地震测量，瑞士苏黎世联邦理工学院参与了测量装置地震仪的开发。

2019 年：CHEOPS

欧洲航天局的 CHEOPS 太空望远镜（见第 44 页）是在伯尔尼大学建造的，它可用于探测和观测系外行星（见第 46 页）。瑞士是这项任务的主导者。

2021 年：詹姆斯·韦伯空间望远镜

这是目前最大的空间望远镜，它的目光可以穿到宇宙的深处，探索宇宙的起源。它向地球传回的星系、恒星和行星的图像都非常壮观。瑞士苏黎世联邦理工学院参与了其中测量仪器的建造。

这台望远镜的成功发射在很大程度上要归功于瑞士科学家托马斯·祖布臣（Thomas Zurbuchen）。他曾于 2016—2022 年担任美国国家航空航天局的科学任务部主任。自 2023 年起，他一直在苏黎世联邦理工学院工作。

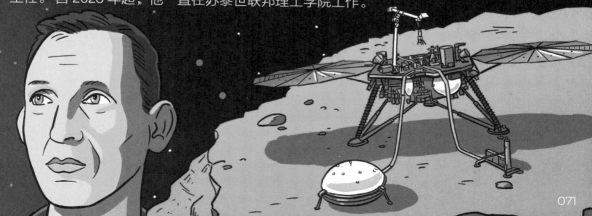

水池恐慌

太空作业时，宇航员们会穿相当笨重的宇航服。他们要么在坚实的地面上，例如在月球；要么在太空中自由飘浮，例如在空间站执行外部任务。

为了学习如何穿着笨重的宇航服工作，宇航员们先要在地球上接受训练，这一课也出现在格鲁比的培训计划中。然而，光是穿上宇航服就很不容易了。在技术人员的帮助下，格鲁比经过一个小时的努力终于穿好，他踌躇满志地说："一切尽在掌握！现在给我一把锤子和一把螺丝刀，我能给你建一栋完整的树屋！"

"很好，看样子你感觉不错，"指导员开心地回答道，"但你还要等一等，我们要把你放进水池里。"

什么水？！格鲁比还没来得及回答，就感觉自己连带着宇航服被起重机吊了起来，顺着钢缆慢慢移到了大厅的另一边，然后他看到了脚下的一大片水。

他觉得有点好笑。起重机慢慢地把他放下去，眼看着水离他越来越近，他的宇航服的靴子已经消失在水池中，几秒后水就淹没了他的腰部。格鲁比开始感到不舒服了，他喊道："喂，快让我出去，我不想被淹死！"

这时，他听到头盔里传来一阵咔嚓声："我是指导员，从现在开始我们将通过无线电交流。你不用害怕，你穿的是宇航服，它既密闭又防水。"

格鲁比抬起头，水面在他的头顶合拢。他不断下沉，突然间，他发现脚下有一个巨大的东西。"欢迎来到国际空间站！"指导员说道。

一个按真实比例复制的空间站映入眼帘。他能辨认出每个模块，它们像粗管道一样连在一起。他还能看到空间站用来发电的太阳能电池板。现在，起重机把格鲁比放了下来，让他可以在水中自由活动。他慢慢游向空间站。

格鲁比寻找螺丝钉

"耶，我是一条鱼！"格鲁比对头盔里大喊。他很快适应了这种感觉，习惯了自己在一个 10 米深的水池中却还能像海洋生物一样正常呼吸的样子。

格鲁比一边用手臂划着水，一边以自己为轴转了几圈。原来的左边变成了右边，原来的上面变成了下面。仅仅几秒钟后，他就完全失去了方向感。他甚至分不清哪里是水面，哪里是池底。

这时，指导员的声音传来："格鲁比，你今天的工作是更换一个气闸上红色标记的螺丝。工具已经在你的腰带上了。"

"啊？对不起！"格鲁比也通过无线电回答道，"我现在连顶部和底部都分不清，更别提怎么找到螺丝了。谁能告诉我该怎么走？"

"你得自己去找，"指导员说，"水下的情况与太空类似，你感觉不到重力，很快就会迷失方向。"

格鲁比停顿了片刻，仔细观察着空间站。他发现在空间站另一端的外墙上有一个红色的东西。他用手臂用力划了几下水，就划到了它的旁边。"做得好，格鲁比。拧下螺丝，换上新的。"

　　格鲁比用右手摸索着腰带上的螺丝刀，戴着笨重的手套做这个可不容易。最后，他终于抓到了并把螺丝刀放在了螺丝头上。格鲁比双手紧紧抓住机器，把开关拧到最大。就在这一瞬间，格鲁比周围的世界开始旋转起来，仿佛被卷入了一场旋风。"救救我！"这位刚刚崭露头角的宇航员尖叫道。

　　他又听到了指导员的声音："格鲁比，你必须用一只手抓住空间站，否则螺丝转不动，你就会转起来！"

压力服

压力服只在航天器内穿着，尤其是在进行危险操作时：如火箭发射、对接空间站或着陆时。万一发生意外，压力服可以保护宇航员。

接口

在压力服的外部有供气、供电接口，还有无线电的接口，可用于相互之间和与地面通信。

压力表

压力表可显示压力服内的气压是否足够，这些空气来自宇宙飞船内的一个储气罐。

纸尿裤

一旦穿上压力服，宇航员在整个飞往空间站的过程中都无法脱下。如果这段时间内想要排便，纸尿裤便派上了用场。

橡胶内衬

为了确保压力服的气密性，衣服的内侧有一个橡胶内衬。

金属丝网

压力服的其中一层由金属丝网制成，能使压力服保持稳定。这样，加压时衣服不会像气球一样膨胀，而是保持形状。

纸尿裤

长款内衣

带冷暖系统通信帽的连衣裤

宇航服

宇航服是为宇航员执行舱外活动（EVA）任务而设计的，包括空间站或太空望远镜的维修工作以及在行星或月球表面的任务。

氧气

不同于压力服，宇航服中的空气全都是氧气。这略微降低了宇航服内的压力，使宇航员能更好地活动。

电池

电池会为宇航服里的所有系统供电，包括无线电、冷却系统和氧气泵。

加热和冷却系统

宇航员在宇航服下穿的像家居服，面料上缝有细管。水在管道中循环，根据需要进行冷却或加热。

头戴式摄像头和照明灯

为了让地面人员也能看到并发出指令，头盔上还装有摄像头和照明灯。之所以需要照明灯，是因为位于地球遥远一侧的空间站完全处于黑暗之中。

供水和食物

头盔里有一根装水的软管，还有一个能量棒以防饥饿。

防护服

宇航服由好几层组成，其中有的可以防寒，有的可以抵御袭来的微流星体。

钩环和安全绳

这能让人把自己固定在空间站上不会飘走，也可以用来固定携带的工具。

一体式裤鞋

上半身与裤子紧密连接
手套拧紧固定

头盔

航天飞机上的纸尿裤危机

　　格鲁比完成了训练，即将首次飞往国际空间站（ISS）。火箭将从佛罗里达州肯尼迪航天中心的发射基地起飞。宇航员们通过舷梯进入太空舱，在格鲁比旁边坐着的是来自澳大利亚的宇航员塔利·"独角兽"和来自美国的宇航员詹姆斯·"书书"。

　　引号中的名字是一种太空绰号。每位宇航员在首次飞行前，其他机组成员都会给他们起一个这样的绰号。詹姆斯之所以叫"书书"，是因为他喜欢阅读，他的手边总是有一本侦探小说。塔利被称为"独角兽"是因为她第一天参加训练时穿了一件独角兽T恤。格鲁比的昵称是"转转"，这都要归功于上次的螺丝钉事件。

　　"嘿，转转，感觉怎么样？"书书通过头盔无线电联络道。

　　"好极了，出发吧！"

　　"你带够纸尿裤了吗？"书书问道。

格鲁比听完这句话慌得脸都吓白了："不是说只穿一个就够了吗？"

"一个？！到了国际空间站后，你至少需要两个。几周后着陆还需要两个，执行太空任务还至少需要四个。"书书一脸严肃地说。

"可我根本没带纸尿裤！"转转一脸惊慌，"我现在要去哪里拿？"

"哦，转转，这就跟我没关系了。"书书回答道。无线电中传来指令："控制中心呼叫机组人员：准备倒计时。"

格鲁比惊慌失措地大喊："停下，我忘带纸尿裤了。快停下火箭！"他疯狂地敲着太空舱的舷窗。

无线电又传来消息："控制中心呼叫机组人员：书书，别搞这种恶作剧了！转转的纸尿裤在储藏室的 57 号袋里，那也是它们该待的地方。"

听到这里，格鲁比心中落下一块巨石。他看向书书和独角兽，只见两个人坐在自己的座位上咧嘴大笑着击掌。"对不起，转转，这是预热环节。"书书不得不努力克制自己，以免大声笑出来。

还没等格鲁比回话，无线电就传来了开始倒计时的声音："10、9、8、7……"

火箭发射派对

与此同时，在距离火箭约 4 千米的地方，许多人聚集在看台和周围的草地上。

每一次火箭发射都是一场小型的群众盛会。人们携带着野餐篮子，摊开美食，谈论着太空探索和即将经历强烈震动的宇航员。有一些围观者架起了三脚架。

瑞士大使馆也派出了一个代表团过来，因为格鲁比是继克劳德·尼科里埃尔之后的第二位瑞士宇航员，这赋予了此次发射特殊的意义。

现在广播中传来声音："欢迎到访，肯尼迪航天中心向您道一声早安！今天将是你们生命中非同寻常的一天，因为你们将目睹一次火箭发射。目前的天气状况良好，万里无云，风力适中。我想发射能够顺利进行！再次向大家致以美好的清晨问候！"

"请注意，不允许翻越围栏，因为围栏另一边有鳄鱼和蛇。顺便说一下：这多酷啊！我们是地球上唯一的鳄鱼和火箭发射共存的地方……"

广播里还在说着话，人群却突然陷入骚动。因为在火箭矗立的地方，一道明亮的闪光出现，紧接着是一团烟雾。然后，火箭升空了。

　　但是广播中的人似乎没有注意到这个，若无其事地宣布："我们将开始倒计时了。准备好迎接这次重塑人生的体验吧：10、9、8……"

　　火箭已经超过地平线两个手掌高。现在的火箭声波终于传到观众那里，像千人击鼓一样，一片轰鸣声。

　　然后，倒计时中断，广播中的声音有些尴尬："抱歉各位，我们刚刚遇到一个小的技术故障。火箭发射很顺利，但因为游客中心的倒计时与控制中心的倒计时没有同步，所以出现了小小的失误。十分抱歉，但我们仍然希望你们能够享受这次震撼人心的发射，再次祝你们拥有美好的一天。"

火箭是如何工作的?

火箭是人类目前进入太空、发射卫星或进行空间站补给的唯一手段。

各级火箭

火箭的推进部件由推进剂和一个或多个发动机组成。火箭通常有好几级，从下到上依次为：第一级、第二级，有的时候还有第三级。一级火箭燃料燃烧殆尽后，这一级火箭就作废了，扔掉，下一级来续航，这样火箭在上升过程中就能始终保持尽可能轻的重量，以节省燃料。

燃料

有许多不同类型的火箭推进剂，通常使用的是氢气，它可以与氧气一起燃烧。不过，火箭也可以使用汽油、甲烷或联氨等作为燃料。

可重复使用的
第一级推进器

第二级推进器

太空舱和货舱

适配式中间级

有效载荷

所有被火箭送入轨道或太空的东西都被
称为"有效载荷"，包括卫星、人、食物。

太空舱

太空舱内会载人或装有食物和水等物品，人们可
以通过推进器控制它。宇航员也可以使用太空舱返回
地球。

火箭发动机

火箭发动机以可控方式燃烧燃料以产生推力。

反冲原理

火箭升空遵循的是"反冲原理"：推进剂在火箭中燃
烧时会产生废气，当这些废气从火箭发动机中高速喷射
到太空时，就会产生一股巨大的力量推动火箭向前飞去。
这就像一个吹满气的气球被松开充气口后会飞走一样。

"……3、2、1，点火！"伴随着太空舱剧烈的摇晃和周围的轰鸣声，格鲁比只听到无线电里有人说"升空"。发射火箭时巨大的加速度把格鲁比按在了座位上，"我胸前好像有一头大象……"他通过头盔里的无线电向他的两位同伴说道。

每秒都在增加的加速度把格鲁比推向座位的更深处，大约两分钟后，火箭的速度已经超过了音速。一声巨响后，轰鸣声明显减弱。不过，震动依然存在。"我们已经突破了音障。"独角兽意识到。

加速度持续增加，无线电中传来："准备分离第一级火箭。"书书看着他面前的屏幕说："注意了，还有 5 秒钟。"

一阵颠簸袭来，又过了几秒钟，格鲁比终于从"大象"中解放出来，书书说："第一级火箭已经分离了！""第二级点火，3、2、1……"轰鸣声再次响起。"大象"又压在了格鲁比身上，天空的颜色从浅蓝色变成了深黑色，尽管是白天，外面已经是繁星点点。

"我们马上就成功了，"书书说，"第二级分离，3、2、1……"

太空舱现在仿佛在云端安静地滑行，俨然已经进入了轨道。"欢迎来到太空！"独角兽一边和书书、转转握手一边喊道。格鲁比解下了自己座位上的安全带，失重地飘浮在航天飞机上，书书抓住他的胳膊接住了他。"你最好系上安全带，转转，"他说，"空间站就在前面！"

国际空间站

国际空间站（ISS）位于地球上空约 400 千米的轨道上。它由多个部分组成；也称为模块。在国际空间站的建造过程中，这些模块是用火箭或航天飞机逐一发射到太空的。

建造这个空间站耗费了十年的时间，总共进行了 40 次发射。多个
国家参与了建造工作，其中俄罗斯和美国贡献了最多的模块。

空间站全年都有人值守，通常是六名宇航员。这些宇航员全年都在
空间站工作，大概 6 个月会被替换一次。这样可以确保空间站上的人员
不会受到过多有害太空辐射，也能避免承受过重的身体负担。此外，过
长时间在太空中也可能导致心理压力，比如思念家人和朋友。

对接操作

　　"我现在要将太空飞船的控制权交给自动驾驶系统了。"书书说道。格鲁比听了这话不解，"难道你不手动执行对接操作吗？"他疑惑地问道，"那不是比完全依赖电脑安全得多吗？"

　　"转转，现在不是 20 世纪 90 年代了，"书书回答道，"那个时候确实需要手动控制这么困难的操作，那真的是惊心动魄，你的手要比大理石雕像还要稳，现在还是电脑做得更好。"

　　格鲁比还是一点儿也不放心，他反驳说："我之前在日本的时候被自动淋浴器冷水高压喷射，就是因为水罐里突然启动了清洁程序。电脑也会出错的……"

随着一阵轻微的颠簸，他们面前的屏幕上出现了一道绿光。"看，我们对接成功了。"独角兽说，"对了，那个淋浴的故事很精彩，你今晚一定要讲给我们听。"

三个人都脱掉了压力服，准备从舱门飘进空间站。出发前，书书拉住他们说："我们穿过舱门时会被拍下来，甚至会上电视直播，所以记得表现出开心的样子。"

"像这样吗？"格鲁比问道，他的嘴巴咧到了最大，就像撞进了一颗陨石。书书和独角兽笑得前仰后合。

空间站的生活

空间站主要用于研究工作。宇航员工作日的大部分时间都在做实验，而这些实验都是在地球上提前数月，甚至数年准备好的。

宇航员们每天都要至少做两小时的运动，以防止肌肉流失。为此，他们会用弹力带将自己固定在跑步机上来模拟重力，这样，他们就可以像正常人一样慢跑。

除了工作和运动，当然还有用餐时间。太空中的食物与地球上基本没有什么不同，有比萨、烤奶酪或土豆鸡肉。这些食物都是提前在地球上准备好的预制食品，有的为减轻重量已经脱水处理了。因此在食用前要先加水，必要时还需要加热。

说到个人卫生方面，宇航员们可以用湿布擦身，但是因为零重力环境没有办法淋浴。刷牙时，要么最后把泡沫吞下去，要么吐到纸巾里。

国际空间站里还有一个厕所。它主要由两个抽吸口组成，分别用来收集尿液和粪便。

空间站里的空气与我们在地球上呼吸的空气没有太大区别，它由约 21% 的氧气和 79% 的氮气组成。

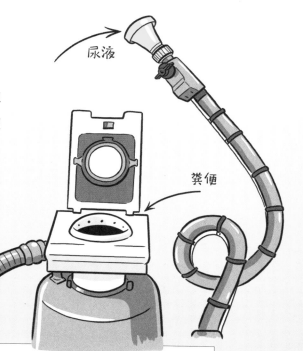

尿液

粪便

尿液作为饮用水？

为了节约用水，空间站内安装了水处理系统。这样，用过的水就能经过处理，重新变成饮用水，这也适用于尿液。国际空间站里的过滤系统非常彻底，处理后的水甚至比我们地球上的饮用水还要干净。

一项疯狂的实验

　　格鲁比原本期望在空间站中真正体验失重的乐趣，但现实远非如此，他的每一天和每一周都过得比以往更加紧凑。他几乎整天都忙于实验，把数据提供给来自世界各地的研究人员，因为这毕竟是国际空间站工作人员的主要任务。

　　今天，他要进行一项特别重要的实验：使用活体人体肌肉细胞，研究细胞是如何在零重力环境下分裂和生长的。

格鲁比收到了一份相当长的实验描述。为了完成实验，他与卢塞恩应用科技大学的太空生物学中心取得了联系，他们将通过无线电一步步向格鲁比说明操作步骤。

"首先，格鲁比，你需要打开冷却容器，其中一个抽屉里放着细胞。"地面工作人员说道。

"明白，打开冷却容器。"格鲁比确认道。他按下两个按钮，打开冷却格的隔层，拉出长长的抽屉。"抽屉已取出。"格鲁比跟地面工作人员汇报。"非常好。现在把它推入培养箱。"地面工作人员回话道。

他用一只手抓住抽屉，另一只手试图打开培养箱。但是门闩卡住了，格鲁比不得不用另一只手拽开。一分钟后，他终于把它打开了。

"培养箱已打开。"格鲁比用无线电说。"现在打开抽屉……"格鲁比转过身——但抽屉不见了。"……抽屉……"格鲁比尴尬地回答。他没有想到在空间站上丢东西有这么快，如果没有固定好，所有东西都会在几秒钟内飘走。

他刚要承认自己的错误，意大利宇航员伊莎贝拉从邻舱飘了上来。"这或许是你的东西吧？"她笑着问，"我刚刚在吃东西，还以为是烤鱼块呢。"

"太感谢了。"格鲁比低声说，这让他有点尴尬。"已将抽屉放入培养箱。"他通过无线电说着。当然，他只字未提实验品差点变成午餐的事。

一点儿太空浪漫

格鲁比很快就在空间站落了脚，虽然他一开始确实需要时间来接受反复喝自己的尿液这一事实。食物实际上种类繁多，但毕竟都是袋装食物，格鲁比每次都要仔细看看包装袋才能确定里面装的是什么，否则他就会把芝士蛋糕和土豆泥搞混，把鸡肉和草莓蛋糕搞混。

单从外观上看，这些食物几乎没有任何区别。在这里，格鲁比最喜欢的食物是坚果，因为它们不会被弄碎，还是正常的形状。

他兴高采烈地把核桃、花生和腰果在面前摆成一排飘着，然后从空间站里最远的角落反推墙壁，冲着那排坚果飞奔而去。"我是一颗彗星，正要撞向我的食物！"他激动地喊着。到了坚果跟前，他张开嘴巴把那一排坚果吞进了肚子。当然全程他都极其小心，以免在飞行过程中撞到同事。

每天在大约 8 小时的工作后，格鲁比总会有一些自己的时间。睡觉前，他会从观测穹顶俯瞰地球。每 90 分钟他就会绕地球一圈，他看到了日落和日出，看到了雷暴和飓风，也看到了森林大火和洪水。极光是他觉得最美的存在，宛如色彩斑斓的蛇一样在大气层中穿梭。

格鲁比总是跟地球上的朋友打视频电话，也会倒立着悬浮在笔记本电脑前发送传真。

他的床看起来像个电话亭，里面有一个用带子绑在墙上的睡袋，这样格鲁比就不会在箱子里飘来飘去撞到头。他已经开始憧憬下一次任务了，也许下一次他会去月球，甚至火星。

火星上的探测器和漫游车

水手号，1964 年

美国国家航空航天局（NASA）的水手号太空探测器是第一批拍摄火星表面照片的探测器。它们带来了一个惊人的发现：火星上到处都是陨石坑，就像月球一样。一些水手号探测器甚至成功登陆火星表面。

维京 1 号和 2 号，1975 年

这两个探测器相继降落在火星表面。它们的任务是寻找细菌，然而它们并未找到任何细菌。

火星勘测轨道飞行器，2005 年

这个探测器像卫星一样围绕火星运行，拍摄火星整个表面的高分辨率图像。通过这些图像，我们知道火星上曾经有大量的水。这些图像还可以用来确定合适有趣的着陆区。

火星车，1996 年

　　自 20 世纪 90 年代以来，科学家们还使用火星车对火星表面进行探测。 这些特殊的车辆可以独立行驶，也可以由地球远程操控穿越火星表面。 它们配备了多种不同的测量仪器，可以研究大气或岩石的化学成分等。 火星车的主要任务是寻找微生物和过去生命的痕迹。 此外，它们还需要确定火星上是否存在水、甲烷或其他物质等资源。这些信息对于未来在火星建立研究站非常重要。 顺便提一下，所有的美国火星车都由瑞士制造的电动马达驱动。

在火星上寻找化石

火星车"毅力号"自 2021 年以来一直在火星上搜寻细菌化石。它着陆在一个名为耶泽罗的火山湖口，那里发现化石的概率最大。探测器在陨石坑中着陆并放置火星车，而火星车会驶过数千米，朝着曾经的湖岸前进。在探测途中，它会多次停下来，使用钻头采集岩石样本。通过一台钻机，它能够从岩石中采集到"岩芯"，将其装进一个小试管中并放在火星表面上。

再过几年，火箭将着陆火星，接收火星车收集的样本并将其带回地球。这一切都非常复杂，相关技术有望在未来十年内开发完成。

在地球上，人们用显微镜和其他科学设备对样本进行检测，以确定岩石中是否存在细菌化石。

如果人类能发现火星上存在细菌化石，那么将引起轰动，这将首次证明生命可以在地球之外形成。同时，这也将表明，火星上现在可能仍存在活的微生物。

火星之旅，启程！

人类的下一个重大旅行目标是火星。它有许多优势：它是地球的近邻，可以很快到达。火星上的白天几乎和地球上的白天一样长，温度在零下 128~21℃，穿着能调节温度的宇航服可以很好地适应。但在火星之旅成为现实之前，仍然有许多技术问题需要解决。可能需要 20 年或更长时间，人类才能最终踏上火星之旅。

航天飞机

将人类送去火星的航天飞机必须非常稳定且不能出任何差错。它还必须非常坚固，以便运送数吨重的物资。除此之外，它还需要具有隔绝有害太空辐射的能力。

危险的微生物

我们目前已获悉，火星上没有大型动植物等生物，但仍然可能存在会对我们造成危险的微生物。在初次火星之旅之前，科学家们需要弄清楚这个问题。

资源

　　为了在火星上生存，我们需要大量的水和氧气。为了避免携带太多，理想情况是我们人类能够利用火星上的水资源，比如埋藏在地下冰川中的水。这些水资源还可以用来制造火箭推进剂，这在团队从火星返回地球时至关重要。

肌肉萎缩

　　长时间的火星之旅后肌肉将会由于失重而萎缩。因此，人们在抵达火星后可能在最初的几天内无法站立，这也需要找到一个解决方案。

心理健康

　　宇航员们需要具备宽容的品格，能够与他人和谐相处。因为当人们在如此狭小的空间里生活很长时间时，往往会发生冲突。

外来物种

　　火星也需要受到保护，我们自身会携带很多微生物（细菌、真菌、病毒），它们生存在我们的体内和体表，这可能也会对火星上的生命（如果存在）造成危害。

俯瞰火星

这些图像是火星微量气体任务卫星使用伯尔尼大学彩色和立体表面成像系统（CaSSIS）从 400 千米的高空拍摄的。如果戴上附带的 3D 眼镜观看，就能看到生动的火星景观。

这就是探索火星的方法:

1. 仔细观察图片。

2. 提出一个地貌问题。

3. 尝试回答问题。通过绘画来表达你的推测，或是做个实验，在沙盘中重现景观，观察会发生什么。

冰川重塑陨石坑

一颗陨石曾撞击火星表面形成了下图这个陨石坑，但这种撞击坑的形状一般为圆形，而且坑壁陡峭、边缘锋利。然而，这个陨石坑却并不是很圆。研究人员推测这里可能曾经有地下冰川，压缩了坑壁。而且，这次撞击恰好发生在另一个更大陨石坑的边缘（图中右上角）。

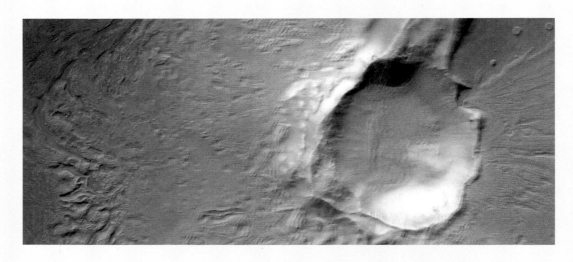

研究问题：你能找出地下冰川的流向吗？

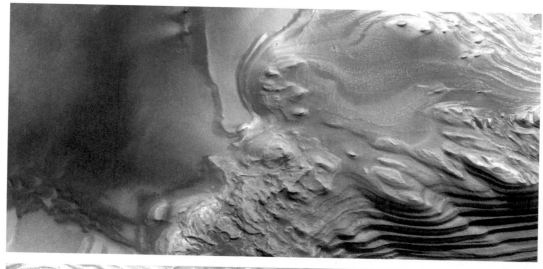

研究问题：你能解释为什么沉积物会形成阶梯状的地貌吗？

火星海分层

　　你现在看到的是朱文塔峡谷的一部分，它深达 5 千米。这些阶梯状的部分实际上是沉积层。数十亿年前，在火星上还有大量液态水的时候，这些沉积层形成于此。也许这里曾经是一片海洋，我们看到的是以前海底的沉积层。随着时间的推移，海水干涸了，取而代之的是一条河流，冲刷出了这个峡谷。

奇怪的洞穴

下面两幅图中的地貌由沉积物构成。这意味着这里曾经有过湖泊或海洋，泥土、沙子和砾石一层层地沉积下来。但奇怪的是后来发生的事情：海或湖干涸后形成了这些圆形的凹陷。它们可能是某种形式的侵蚀造成的。

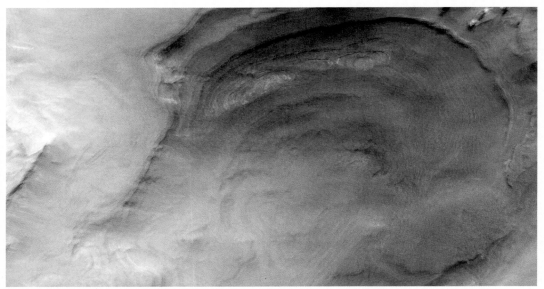

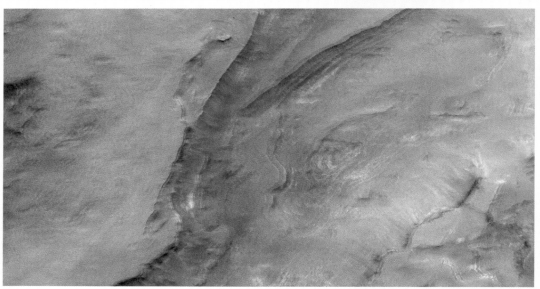

研究问题：这些凹陷可能是陨石坑吗？

凸起的河流三角洲

图像左侧的地貌形态在地球上也存在：这是一个河流三角洲，就像我们熟知的尼罗河河口，这是火星上曾经存在大量液态水的明显证据。三角洲的沉积物后来变成了坚硬的岩石。水分蒸发后，三角洲周围松软的地面被风化侵蚀。现如今的三角洲就像一面迷宫般的城墙耸立在地表之上。

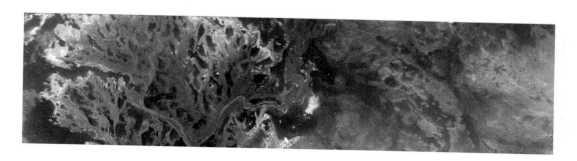

研究问题：河流来自哪个方向，在哪里汇入湖泊或大海?

移动沙丘

现如今的火星地表非常干燥，堪比沙质或石质沙漠。风把沙子吹拢成沙丘，沙丘便顺着风的方向"爬过"地表。图示中的撞击坑被沙丘横穿，沙丘以深蓝色标出。我们通过测量得知，它们以每火星年约 5 米的速度向前移动。

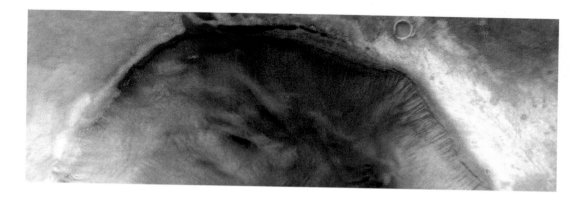

研究问题：你能根据沙丘的方向找出风从哪个方向吹来吗?

外星人存在吗?

关于我们是否是宇宙中唯一智慧生命体的问题已经困扰人类很久了。意大利牧师兼天文学家乔尔丹诺·布鲁诺（1548—1600 年）是较早对外星文明进行研究的人之一。他意识到恒星实际上就是太阳，并提出了行星围绕太阳旋转的猜想。他还假设这些行星上都曾拥有过无数的文明，只可惜在那个时代并没有科技手段来证实行星围绕恒星转动的这一猜想。

在 1609 年左右发明的望远镜（详见第 68 页）加强了对我们邻近行星金星和火星，以及月球上的外星生命的搜寻。但那时的天文望远镜体积过小，视野也太窄，无法观察到火星表面更多的细节。

到了 19 世纪，望远镜的性能得到提升，人们能够观察到火星表面的斑点和线条。人们认为这些痕迹是水道和城市，并由此推测在火星上有着和地球生命一样的存在。然而，自从 1965 年第一艘探测器传回了火星表面的图像后，人们逐渐认识到那里并没有城市和文明。

但希望并没有完全破灭。在如今分辨率更高的火星表面图像中，人们可以清晰地看到那里曾经存在液态水的迹象。整个河谷、河口和海岸线在探测器的镜头下一览无余。后来人们也发现，火星上其实一直都有水的存在，只不过是以冰川的形式被覆盖在碎石之下。

这让人们有理由相信，至少在很久以前火星上可能存在过生命。不过，人们认为那可能是一种简单的生命形式。

小知识：人们现如今已经不再继续尝试寻找其他文明的存在，而是把目标放在了寻找细菌和微生物上。但即便如此，也并不能排除在太阳系外的行星上存在外星生命的可能性。

太阳系中或许就有生命存在

　　为了回答宇宙中是否有其他生命存在的这一问题，我们或许无须走得太远，因为甚至在太阳系中的不少地方就可能有简单生命形式的存在，比如细菌。但是到目前为止，要抵达这些遥远的地方并验证这一点仍然非常困难。

金星

　　金星表面异常炎热且环境恶劣，对于细菌来说，那里可能不适宜生存。但在其表面浓厚的大气层中又有些许端倪，那儿很可能有细菌的存在。2019 年，人们通过天文望远镜发现，金星的大气层中似乎含有磷化氢。一些研究人员推测，这发臭的物质可能来自细菌，可惜这个问题至今也没有一个确切的答案。目前的计划是向金星上发送一个探测器，以便更好地观测金星的大气层并确认其中是否真的含有磷化氢。

泰坦（土卫六）

泰坦是土星最大的卫星。它是一颗非常特殊的卫星，因为它是土星卫星中唯一一颗拥有大气层的卫星。该大气层主要由氮组成，与围绕地球的大气相似，但是缺少氧气。在泰坦上也存在液体，但这不是水，而是液态甲烷和乙烷，它们形成了湖泊、河流，还有云。如果没有宇航服的话，人类在这里是无法存活的。研究人员猜想，这里或许有以液态甲烷为生的细菌。人们计划未来向土卫六发送探测器，以便采取样本来进一步研究在这个特殊卫星上生命存在的可能性。

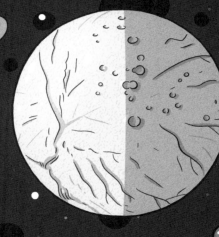

恩克拉多斯（土卫二）

土星的这颗卫星也是非比寻常，因为它的表面被数千米厚的冰层所覆盖。从冰层里喷射的间歇泉产生了巨量的水蒸气飞向太空，因此，人们猜测冰层下面可能隐藏着一片巨大的含有盐水和甲烷的海洋，里面有可能存在生命。人们也计划向土卫二发送探测器，探测器会近距离接触这些泉水，在其中寻找生命的迹象。

欧罗巴（木卫二）

　　欧罗巴是木星的三大冰卫星之一，是用来研究外星生命的热门地点。它表面有一层厚达 20~30 千米的冰壳，在其之下有深至约 100 千米的海洋。研究人员们推测里面的水是盐水，这些液态水是地球的两倍。海洋的底部是岩石，这些岩石能够释放出生命所需的营养物质。

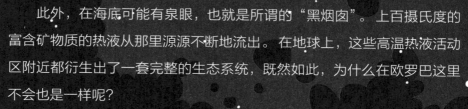

此外，在海底可能有泉眼，也就是所谓的"黑烟囱"。上百摄氏度的富含矿物质的热液从那里源源不断地流出。在地球上，这些高温热液活动区附近都衍生出了一套完整的生态系统，既然如此，为什么在欧罗巴这里不会也是一样呢？

2023 年，JUICE 探测器启程前往木星及其冰卫星。这个探测器也将飞越欧罗巴附近，尝试寻找生命存在的证据。

黑洞的力量

　　黑洞是宇宙中非常神秘的产物之一。从根本上来说，它并不是洞，反而更像球体，小至几千米，大至数亿千米。

　　一个黑洞的形成大多始于一颗恒星消亡时产生的大爆炸。人们称这种爆炸为"超新星"。

曾经活跃的恒星在这时只剩下了内核，但这个核心仍然十分庞大，以至于这颗恒星会被自己的引力拉向中心、不断塌陷，最终形成一个黑洞。想象一下，现在你的眼前有一个雪球，但这个雪球被一股看不到的力量压缩成了一个只有半片雪花大的冰点。

黑洞的引力之大是无法想象的。它就像一个吸尘器，能吞噬任何接近它的东西，甚至连光束都无法幸免。当物质太过靠近黑洞时，它们就会被吸进去，无法逃脱。通过不断地吞噬物质，黑洞的质量也会增加。

在银河系和其他星系中都存在黑洞。在几乎所有大型星系的中心都有一个特别巨大的黑洞存在，质量相当于数百万个太阳，简直是庞然大物！

返回地球

在国际空间站度过了六个月之后，转转、书书和独角兽已经准备好返回地球了。他们穿上宇航服后就爬进了航天飞机。

"分离完毕，"播报从耳机里传来，"祝你们一路平安！"地球控制中心的一位女士说道。

书书再一次集中精力："就是现在，点火！"格鲁比顿感座位上传来压力，这在出发的时候他就已经体验过了。航天飞机以子弹一般的速度往地球飞来。书书必须保证航天飞机冲着地球大气层开，这样才能更好地借助摩擦力将速度控制在安全范围之内。进入大气层的入射角必须非常准确，如果角度过大，航天飞机就会像球一样被大气层弹出去并被射回到宇宙里。如果角度太小，摩擦力之大会将宇航员压在座位上致死，或者把航天飞机烧毁。

"激烈的要来了！"书书通过耳机报告，"入射角正常，注意，我们要进入大气层了。"

整个航天飞机都开始颤动，隆隆地响着摇晃着，简直就像撞上了大风暴。格鲁比和其他人感到座位上的压力越来越大，像汽车在高速公路上正快速开着却突然紧急刹车，但又比那可怕百倍。格鲁比已经无力抬胳膊或转头，他只能希望这一切快点结束。

由于空气摩擦的缘故，航天飞机的金属外壳已经开始发红发热了，远远看去就像一颗巨大的流星。"嘿，转转，现在你可称得上是一颗真正的彗星了。"独角兽咬着牙关笑道。

几分钟过后，嘈杂声消失了，紧接着又猛的一阵颠簸。"降落伞已准备就绪。"广播里说道。航天飞机在冲着地球滑行了几分钟后，"砰"的一声落进了北冰洋。

"欢迎回家！"书书说着，三个人互相握手。

鸣谢

特别鸣谢以下人员和机构在本书编写过程中给予的大力支持：

我们要感谢以下人员为我们提供的专业知识信息及导览，感谢他们付出的宝贵时间：

感谢伯尔尼大学的 Thomas Beck, Sylviane Blum, Thierry de Roche, Timm-Emanuel Riesen, Guido Schwarz 和 Antoine Pommerol，感谢日内瓦天文台的 David Ehrenreich 和 Pierre Bratschi 的戈尔内格拉特天文望远镜导览及提供的天文方面的解说与建议；

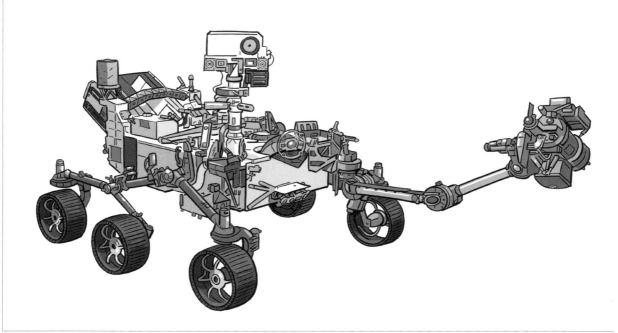

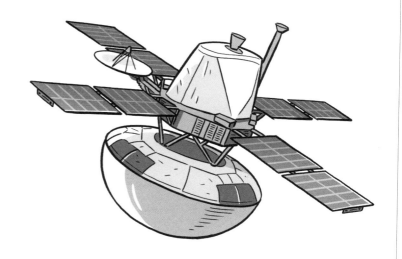

感谢由苏黎世联邦理工学院的 Michael Gchweitl 提供的小卫星方面的信息；

感谢由卢塞恩应用科技大学的 Bernd Rattenbacher 提供的宇宙生物学中心导览；

感谢苏黎世大学和卢塞恩大学应用科技大学的 Florian Kehl 安排联系及文本校阅；

感谢瑞士格劳宾登州 Mirasteilas 天文台的负责人 José De Queiroz 提供的导览；

感谢苏黎世大学的 Jaap Swanenburg 提供的有关失重医学实验的信息；

感谢苏黎世大学空间中心的 Oliver Ullrich 提供的有关抛物线飞行的信息以及法国宇航员 Jean-François Clervoy 提供的太空飞行的信息；

感谢 Dominique 和 Bettina Zygmont 计划并安排去往佛罗里达的旅行还有关于航空航天知识的信息；

最后还要感谢 Siriporn 和 Arin Bieri 在研究旅行过程中拍摄的视频和照片。

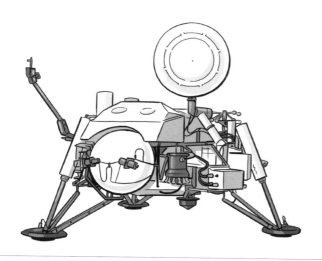

术语表

氨 p20
一种气体，有刺鼻气味且对人体有害。少量产生于腐烂的植物和家畜的粪便，大量存在于气体性行星中，如土星和木星。

侵蚀 p104
岩石或土壤经水流、冰或者风冲刷剥蚀的过程。可形成峡谷沟壑。

日光层 p71
太阳周围也有所谓的大气层，由太阳风粒子组成，可一直延伸到太阳系边缘。人们谈论的太阳就是日光层。

氦，氦原子 p18
宇宙中第二轻的元素，少量存在于地球大气层中。飞艇、气象气球和热气球都用此气体填充。在太阳中，氦是一种废气。

联氨 p82
一种火箭和航天飞机所需的重要燃料。对人类和动物而言属于剧毒，与之接触时要格外小心。

二氧化碳 p19
一种由人类和动物呼出的废气，也可由木材、汽油和其他燃料燃烧产生；能被植物吸收并转化成氧气。

甲烷 p20
这种可燃气体在地球上由腐败菌产出，因此人们也称之为沼气，可用于发电和取暖。大量存在于太阳系里的许多行星上。

微米 p23
千分之一毫米。

极光 p95
天空呈现五彩斑斓时的状态，主要出现在两极圈附近。是由太阳的带电高能粒子与大气相碰撞造成的发光现象。

音障 p84
当火箭移动速度接近声速（343米/秒）时，会产生一种压力波，这就是音障。如果火箭移动速度再次加快，就会有一阵巨大的爆破声打破这层音障，即所谓的音爆现象。

沉积层 p103

一种由泥沙或石头在河流、湖泊或海洋底部淤积而成的地质层。

太阳风 p70

除了阳光之外太阳的极小部分还在源源不断地放射带电高能粒子，人们称之为太阳风。当这些粒子与地球大气层相撞时，就会出现极光。

温室效应 p18

地球中或其他行星中的特定气体，如二氧化碳或甲烷，会使热量有效地被储存，进而导致温度上升，人们称这一现象为温室效应。

紫外线 p47

阳光中的不可见部分，富含能量，会轻易晒伤人类皮肤。一些恒星会放射大量紫外线。

氢，氢原子 p18

宇宙中最轻也是最常见的元素，对地球上的生命来说至关重要。人体中三分之二的原子都由氢原子构成。除此之外它还是太阳和恒星的燃料。

太空辐射 p87

来自太阳、恒星和星系。对人体有害，且有致癌风险。因此航天飞机的制造标准就包括抗辐射且能够保护舱内人员。